合肥工业大学图书出版专项基金资助

U0171378

机械设计与有限元分析 软件应用基础与实例

主　编　潘巧生
副主编　舒双宝　李瑞君　李西兴

合肥工业大学出版社

图书在版编目(CIP)数据

机械设计与有限元分析软件应用基础与实例/潘巧生主编.—合肥:合肥工业大学出版社,2023.12

ISBN 978-7-5650-6008-3

Ⅰ.①机… Ⅱ.①潘… Ⅲ.①机械设计—有限元分析—应用软件 Ⅳ.①TH12-39

中国国家版本馆 CIP 数据核字(2023)第 236984 号

机械设计与有限元分析软件应用基础与实例

JIXIE SHEJI YU YOUXIANYUAN FENXI RUANJIAN YINGYONG JICHU YU SHILI

主编 潘巧生   责任编辑 赵 娜

出　版	合肥工业大学出版社	版　次	2023 年 12 月第 1 版
地　址	合肥市屯溪路 193 号	印　次	2023 年 12 月第 1 次印刷
邮　编	230009	开　本	787 毫米×1092 毫米　1/16
电　话	理工图书出版中心:0551-62903004	印　张	16.25
	营销与储运管理中心:0551-62903198	字　数	385 千字
网　址	press.hfut.edu.cn	印　刷	安徽联众印刷有限公司
E-mail	hfutpress@163.com	发　行	全国新华书店

ISBN 978-7-5650-6008-3   定价:48.00 元

如果有影响阅读的印装质量问题,请与出版社营销与储运管理中心联系调换。

编 委 会

前　　言

　　机械设计软件和有限元分析软件作为仪器科学与技术专业在研究中常用的软件,在结构设计、强度分析、刚度计算、模态分析和优化设计等领域提供了几乎无可替代的计算解决方案。这两款软件是仪器科学与技术专业及相近专业的本科生和研究生在科学研究中需要掌握的重要软件工具。本书以本专业在科学研究和工程应用中所遇到的案例为媒介,通过介绍详细的软件使用过程及其解决问题的过程,尽量避开枯燥的理论,为本专业人才培养提供一种易于"吸收消化"的学习材料。

　　本书紧扣三维设计和有限元分析操作基础的同时,增加了应用实例。对三维软件包括二维草图绘制和三维建模进行了详细介绍,增加了实例操作训练。对有限元分析软件的静分析、模态分析、谐响应分析等进行了详细的介绍,减少了有限元理论介绍。为适应仪器科学与技术专业的发展需求,本书还增加了有限元参数化编程及优化设计相关内容。

　　本书是 2020 年合肥工业大学图书出版专项基金资助项目,由潘巧生担任主编,舒双宝、李瑞君和李西兴担任副主编,具体参编的人员还有姜婉宁、赵珈艺、石文杰、崔兴洋、杨晨瑞、陈小珠。其中,李西兴来自湖北工业大学机械工程学院,其他人员均来自合肥工业大学仪器科学与光电工程学院。

　　本书在编写过程中,得到了合肥工业大学出版社的帮助,对此我们表示深切感谢。由于作者水平有限,书中难免存在疏漏和不妥之处,特别希望读者能把问题反映到邮箱 panqs@hfut.edu.cn,以便后续修订,敬请广大读者不吝批评指正。

编　者

2023 年 4 月

目　　录

第1章　初识机械设计软件和有限元分析软件

1.1　机械设计软件功能介绍

交互式 CAD/CAM 系统(Unigraphics,UG)软件作为三维机械设计软件的引领者和应用的倡导者,拥有较大的用户群体和各类成功的设计典型案例。其以计算机辅助设计(Computer Aided Design,CAD)、计算机辅助工程(Computer Aided Engineering,CAE)、计算机辅助制造(Computer Aided Manufacturing,CAM)等技术为应用基础,以参数设计、三维造型等设计方式简捷高效地设计出各类三维产品形体和虚拟产品制造,是实现二维平面设计向三维立体设计升级的重要手段。其可视化程度高,能准确、清晰地实现设计人员的意图构想,逼真模拟设计产品,为设计容错纠错、产品优化等带来诸多便利,为提升机械设计质量和缩短设计周期奠定技术基础。

UG 软件中存在许多功能模块,这些模块可以实现不同的功能且相互之间又有一定的联系,针对机械设计的功能,下面将介绍相关的模块。

1.1.1　基本环境

基本环境模块包括打开已有的部件文件、创建新的部件文件、保存部件文件、导入和导出文件等功能。基本环境模块是启动 UG 软件的第一个模块,通过基本环境模块可以与应用模块进行交互。

激活〖基本环境〗命令方式:〖应用模块〗→〖基本环境〗。

1.1.2　建模

建模模块分为实体建模、特征建模和自由形状建模。

实体建模:UG 软件可以创建和操作二维图形和三维模型,这是最常用的模块。软件提供了镜像、阵列等实用的工具,加快了设计者的造型速度。

特征建模:特征建模是三维实体最基本的绘制方式。常用的特征建模包括拉伸特征、拉伸切除特征、旋转特征、孔、槽等。

自由形状建模:自由形状是指不能利用体素、标准成型特征,或仅含有直线、弧线和二次曲线的草图来构建的形状。自由形状建模可以用来构造复杂的三维形状。

1.1.3　装配

装配是对已建立好的模型的模拟组装过程。其可以帮助设计人员提前知道零件潜在的问题,从而提高设计效率。装配模块提供了自上而下和自下而上的设计方法。在装配时,如果发现零件存在问题(如发生干涉),可以在建模环境中对零部件进行编辑。零部件间可以通过装配约束和移动组件命令定位保持关联性。通过装配可以构建复杂的零件,而且构建的零件可以共享给其他设计者,因此产品的设计可以在不同的设计者之间并行。

激活〖装配〗命令方式:〖开始〗→〖装配〗。

1.1.4 制图

通过制图模块可以将在 UG 软件中创建好的零件转化为二维工程图。当三维模型发生修改时,二维工程图也可以发生相应的变化,这大大提高了工作效率。该模块中还提供了标注工具,并支持常用的制图标准(如国标 GB、ISO、ANSI/ASME、DIN 等),标注好的尺寸也会关联三维模型。

激活〖制图〗命令方式:〖开始〗→〖制图〗。

1.2 有限元分析软件功能介绍

ANSYS 软件是美国 ANSYS 公司研制的大型通用有限元分析(Finite Element Analysis,FEA)软件。其是集结构、流体、电场、磁场、热、声场分析于一体的软件,提供了大量的单元类型和材料模型供用户使用。它具有自动网格划分技术、非线性分析功能、并行计算能力,以及良好的用户开发环境和丰富的 CAD 软件接口。强大的功能和良好的用户体验吸引越来越多的科研工作人员和工程人员使用 ANSYS 软件。目前,ANSYS 软件被广泛应用于机械制造、航空航天、国防军工、电子、土木工程等领域。下面对 ANSYS 软件的主要功能进行介绍。

1.2.1 结构分析

(1)静力分析:用于研究结构对静态载荷的响应,适用于结构的线性及非线性行为。例如,大变形、大应变、接触、蠕变、塑性等。

(2)模态分析:用于研究线性结构的自振频率及振形。谱分析是模态分析的扩展,可以分析由随机振动造成的应力或应变。

(3)谐响应分析:用于研究线性结构对随时间按正弦曲线变化的载荷的响应。

(4)瞬态动力学分析:用于确定结构对随时间任意变化的载荷的响应。

(5)特征屈曲分析:用于研究线性屈曲载荷并确定屈曲模态形状。

(6)专项分析:用于模拟非常大的变形,惯性力占支配地位,并考虑所有的非线性行为。

1.2.2 热分析

热分析一般在结构分析的前面进行,其主要研究由热膨胀或收缩不均匀引起的应力。热分析包括以下内容:

(1) 相变(熔化及凝固)——金属合金在温度变化时的相变；

(2) 内热源：存在热源问题，如电阻通电发热；

(3) 热传导：热传递的一种方式，在相接触的两物体存在温度差时发生；

(4) 热对流：热传递的一种方式，在存在流体、气体和温度差时发生；

(5) 热辐射：热传递的一种方式，在存在温度差时发生。

1.2.3　电磁分析

电磁分析中考虑的物理量包括磁场密度、磁力、电感、阻抗、涡流、能量泄露等。磁场可由永磁铁、电流等产生。电磁分析包括以下内容。

(1) 静磁场分析：研究直流电或永磁体产生的磁场。

(2) 交变磁场分析：研究交流电产生的磁场。

(3) 瞬态磁场分析：研究随时间变化的电流或外界引起的磁场。

(4) 电场分析：研究电阻或电容系统的电场。

(5) 高频电磁场分析：研究微波及射频(Radio Frequency,RF)无源组件等存在高频的电磁场。

1.2.4　流体分析

流体分析主要研究流体的流动以及热行为。流体分析包括以下内容。

(1) 耦合流体动力：包括不可压缩或可压缩流体、层流及湍流等。

(2) 声学分析：考虑流体介质与周围固体的相互作用，可以进行水下结构的动力学分析。

(3) 容器内流体分析：考虑容器内的非流动流体的影响。

(4) 流体动力学耦合分析：在考虑流体约束质量的动力响应基础上，在结构动力学分析中使用流体耦合单元。

1.2.5　耦合场分析

耦合场分析主要考虑两个或多个物理场之间的相互作用。如果两个或多个物理场之间相互作用，只求解一个物理场并不能得到正确的结果，那么需要将多个场组合分析。

1.3　UG 软件和 ANSYS 软件关联

UG 软件是强大的三维建模设计软件，虽然 UG 软件也可以进行有限元分析，但是分析功能没有 ANSYS 软件全面。ANSYS 软件虽然同时包括三维建模和有限元分析的功能，但是其三维建模步骤比较复杂，不如 UG 软件直观。因此，本书中三维建模部分使用 UG 软件，有限元分析使用 ANSYS 软件，充分发挥两个软件的优点。在 UG 软件中建立好模型，导出实体建模模块为"x_t"格式，再用 ANSYS 软件导入模型实现两个软件数据的互通，具体步骤可参照 4.2 节内容。

1.4 典型工程应用案例

1.4.1 UG 软件应用案例

UG 软件针对用户的虚拟产品设计和工艺设计的需求,以及满足各种工业化需求,提供了经过实践验证的解决方案。

【例 1-1】 设计一个如图 1-1 所示的轮胎三维模型。

轮胎三维模型包括轮胎花纹三维模型和轮胎实体模型,其设计是轮胎研发过程中不可或缺的重要步骤。轮胎花纹三维模型非常复杂,而 UG 软件因与 AutoCAD 具有良好的接口、简单的操作界面和强大的曲面模型功能,可提供强大的实体建模技术及高效能的曲面建模能力,能够完美地再现复杂的轮胎花纹三维模型,深受设计人员欢迎。

图 1-1 轮胎三维模型

使用 UG 软件进行轮胎三维模型设计有如下优点。

(1)可以无缝连接模具厂家,及早发现二维设计图纸中存在的问题,缩短设计时间,节省费用,而且 UG 软件设计的轮胎实体模型可以直接用于模具加工,提高了设计效率。

(2)轮胎三维模型能够直观形象地表达设计意图,降低轮胎设计风险,缩短产品开发周期。

(3)可及时为配套厂家提供轮胎三维模型,使之应用于车辆设计装配和运动仿真等方面,加强交流合作。

总结:本工作采用 UG 软件进行轮胎三维模型设计,通过常用特征命令(如旋转对象、规律延伸、扫掠、修剪片体、面倒圆等)可以生成轮胎花纹三维模型和轮胎实体模型,快速建立轮胎三维设计模型。该方法可有效、准确地表达轮胎设计概念,降低轮胎设计风险,缩短产品开发周期,具有良好的应用效果。

1.4.2 ANSYS 软件应用案例

【例 1-2】 老式的水杯大多数有一个特点:底面直径等于水杯高度。这是因为过去生产力不够发达,设计人员希望在使用的原材料一定的情况下,杯子的容积达到最大。

一个圆柱形的杯子有两个主要的参数:杯子的底面半径 R 和杯子的高度 H。杯子的简化图如图 1-2 所示。使用 ANSYS 软件可以进行水杯的优化设计。ANSYS 软件的优化模块里将需要优化的变量称为设计变量(DV),此次优化的目标是追求水杯的容积最大化,该目标在 ANSYS 软件的优化过程中称为目标函数(OBJ)。此外,对设计变量的优化有一定的限制条件,如杯子的材料不变等。这些限制条件在 ANSYS 软件的优化模块中用状态变量(SV)来控制。如果水杯表面积不能大于 x,可以列出表面积的表达式(与制造杯子所需要的原材料有关）：$S = 2\pi RH$（侧面积）$+ 2\pi R^2$（底面和顶面面积）$< x$（状态变量），水杯体积 $V = \pi R^2 H$（目标函数），在满足目标函数最大时，得出底面直径等于水杯高度的结论。

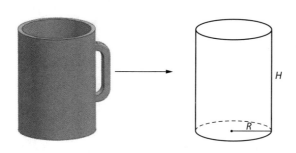

图 1-2　杯子的简化图

总结：对水杯模型进行简化，并采用 ANSYS 软件对水杯进行建模，确定状态变量和目标函数，在状态变量满足条件的情况下取得最优化的解。最优化一般使用编程，这样可以避免重复劳动，减少设计成本，节约设计时间。

第 2 章　二维草图建模基础与实例

2.1　UG NX 10.0 软件基本介绍

UG NX 10.0 软件为 UG 软件的一个版本,其为用户提供了功能强大且操作简便的草图功能。进入草图模式后,用户可以根据设计意图勾画出二维图形,利用草图的尺寸约束功能和几何约束功能精确地确定草图对象的形状、相互位置等。二维草图是建立三维特征的一个重要基础。

2.1.1　软件常规操作

1. 启动 UG NX 10.0 软件
启动 UG NX 10.0 软件有两种方法:
(1)点击〖开始〗→〖所有程序〗→〖Siemens NX 10.0〗→〖NX 10.0〗;
(2)将程序里的 UG NX 10.0 软件创建桌面快捷方式,这样可以直接单击该图标启动 UG NX 10.0 软件。

2. 新建文件
在初始欢迎界面有三个地方可以新建文件。
(1)工具条:〖主页〗→〖新建〗。
(2)下拉菜单:〖文件〗→〖新建〗。
(3)快捷键:〖Ctrl＋N〗。
用户进行上述任意操作后会弹出〖文件新建〗对话框,根据需要从〖模型〗、〖图纸〗和〖仿真〗中选择相应的选项卡,一般在过滤器中选择〖模型〗和〖毫米〗。之后在〖新文件名〗区域的〖名称〗文本框中输入要新建的文件名称,在〖文件夹〗文本框中输入要新建模型文件的创建路径或点击〖文件夹〗后的按钮,从弹出的对话框中选择相应的路径。

3. 更改界面
由于 UG NX 10.0 为 UG 软件较新的版本,对于之前熟悉这款软件的人来说,还可以更改为老版本。
(1)更改界面方法如下。
① 点击〖菜单〗→〖首选项〗→〖用户界面〗(见图 2-1),弹出〖用户界面首选项〗对话框。

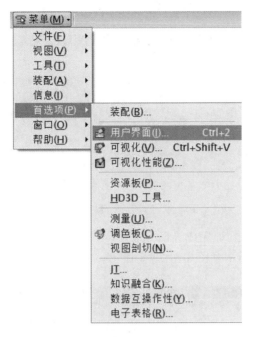

图 2-1　更改界面方法示意图

② 在〖布局〗选项中,设置用户界面环境为〖经典工具条〗(见图 2-2)。

图 2-2　〖布局〗选项示意图

③ 在〖主题〗选项中,设置 NX 主题的类型为〖经典〗(见图 2-3)。

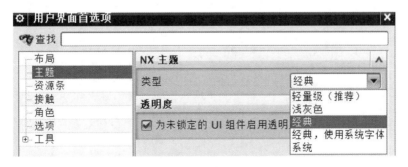

图 2-3　〖主题〗选项示意图

④ 在〖资源条〗选项中,设置资源条的显示为〖右侧〗,并取消〖页自动飞出〗选框(见图 2-4)。

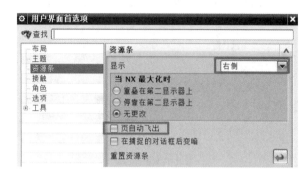

图 2-4 〖资源条〗选项示意图

⑤ 点击〖应用〗→〖确定〗即完成界面更改。

(2)更改界面后的界面示意图如图 2-5 所示。

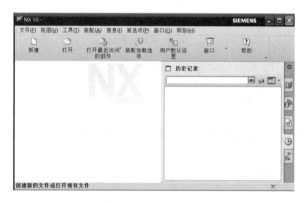

图 2-5 更改界面后的界面示意图

4. 更改角色

更改角色是为了将软件携带的常用命令全部显示出来,方便操作。更改角色方法如下:在〖角色〗对话框的 Content 文件夹中找到〖角色高级〗即可(见图 2-6)。

图 2-6 更改角色示意图

5. 更改原有设置

在进入操作界面前,系统会自动建立新文件夹来保存本次操作的内容。通常新建的文件夹默认保存在原始的安装文件的路径下,可以通过更改保存途径来使文件保存在指定位置。但在重启软件后,再次新建文件夹时会发现文件夹路径又默认到原始的安装文件的路径下(见图 2-7)。

图 2-7　新建〖新文件名〗示意图

为了让新建文件夹默认保存到指定的文件夹中,需要对相应的参数进行设置。

具体操作步骤如下。

(1)点击〖文件〗→〖实用工具〗→〖用户默认设置〗(见图 2-8)。

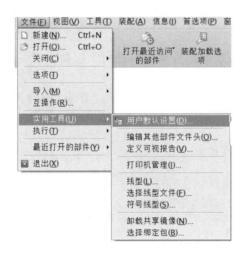

图 2-8　用户默认设置示意图

(2)弹出〖用户默认设置〗对话框。

(3)在〖常规〗选项中,设置目录栏下〖Windows〗的保存路径即可更改文件夹的默认储存位置(见图 2-9)。

图 2-9　更改文件夹的默认储存位置示意图

(4)更改之后再重启软件,此时路径就默认为所指定的路径了。

6. 界面介绍

(1)标题栏:主要显示 UG NX 10.0 软件的程序图标以及当前所操作部件文件的名称,利用位于标题栏右边的各个按钮可以分别实现 UG NX 10.0 软件窗口的最小化、还原(或者最大化)和关闭等操作。

(2)菜单栏:包含 UG NX 10.0 软件的主要功能。系统将所有的命令和设置选项都放在不同的下拉菜单中,单击菜单栏中的某一项即会弹出相应的下拉菜单。

菜单栏中的菜单有〖文件〗、〖编辑〗、〖视图〗、〖插入〗、〖格式〗、〖工具〗、〖装配〗、〖信息〗、〖分析〗、〖首选项〗、〖窗口〗和〖GC 工具箱〗等。

单击任何一个菜单,系统都会展开一个下拉菜单,该下拉菜单中包含所有与该功能有关的命令选项。

(3)工具条:工具条中的按钮对应着不同的命令,而且工具条中的命令都以图形的方式形象地表示出命令的功能。这样可以免去在菜单栏中查找命令的烦琐,便于用户使用。

(4)信息提示栏:用来提示如何操作调用的命令,UG NX 10.0 软件具有自动推理功能,系统会自动判断并提示用户需要执行的动作。

(5)状态栏:用来显示用户选择图元的名称。

(6)资源条:可以通过资源条中的〖装配导航器〗观察零部件的装配,也可以通过〖部件导航器〗查看模型的特征历史,还可以直接将材料附于模型中,或者在资源条中的〖角色〗下更换软件的界面。

(7)工作区:又称为绘图区、图形窗口,是建模工作进行的主要区域。

(8)视图坐标系:选择坐标系,输入相应的角度,产品就会旋转相应的角度。

2.1.2 三键鼠标常规操作

1. 鼠标左键的常用功能

(1)建立一个模型:单击鼠标左键选择〖插入〗→〖设计特征〗→〖长方体〗,任意尺寸建立一个长方体。

(2)单击鼠标左键选中长方体,单击鼠标右键,可看见删除、更改尺寸等功能,再按〖Esc〗键可取消选中。

(3)鼠标左键双击该模型,弹出命令对话框,可以对其进行修改,如长度等。

(4)按〖Esc〗键退出选中体,把鼠标放到要选择的面上,静止不动,当出现三个点时,单击鼠标左键,会出现〖快速拾取对话框〗,这时可以选择模型中的任意的面。

2. 鼠标中键的常用功能

(1)滑动滚轮可以进行放大、缩小操作。

(2)按住不松,移动鼠标使得模型进行旋转,按〖F8〗键可以放正当前视图。

(3)当作确认键使用。例如,新建一个圆柱体:点击〖插入〗→〖设计特征〗→〖圆柱体〗,弹出〖圆柱〗对话框,任意尺寸建立一个圆柱体,鼠标左键单击〖确定〗。这时将鼠标放到工作区,然后单击鼠标中键,也可以得到同样的效果。

3. 鼠标右键的常用功能

鼠标右键较为复杂,它可以调取相应的工作命令条和模型菜单,如在操作界面上方工具栏的空白处单击鼠标右键,可调取出所需的工具条(打钩表示已经显示)。在工作区空白处单击鼠标右键,可以看到如图 2-10 所示的界面。

图 2-10　单击鼠标右键工作命令条示意图

对于软件的各种命令,都可以将鼠标移至其上,查看该命令的描述。这一功能对新手有很大的帮助。

2.1.3　鼠标组合按键的用法及修改

1. 组合用法

(1)"Shift+Ctrl+鼠标左键"组合:调用特征栏(见图 2-11)。

(2)"Shift+Ctrl+鼠标中键"组合:调用草图工具栏(见图 2-12)。

(3)"Shift+Ctrl+鼠标右键"组合:调用同步建模栏(见图 2-13)。

图 2-11　特征栏
示意图

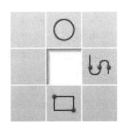

图 2-12　草图工具栏
示意图

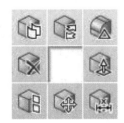

图 2-13　同步建模栏
示意图

(4)"鼠标中键+鼠标左键/Ctrl+鼠标中键"组合:实现图形放大。

(5)"鼠标中键+鼠标右键/Shift+鼠标中键"组合:实现图形平移。

(6)长按右键:快速实现适合窗口、静态显示等操作演示。

2. 修改操作

使用鼠标召唤的快捷命令可以使操作过程更加方便。在此可以将一些常用命令放入其中,以便更快地调用。

具体操作步骤如下。

(1)点击〖工具〗→〖定制〗→〖快捷方式〗→〖视图〗。

(2)选择方框中需要删除的图标(见图 2-14),按住鼠标左键不放,待边框变黑即可拉出来删除。

(3)从视图快捷菜单(见图 2-15)里找到需要作为子菜单的项目,放到空白处即可。

图 2-14 选择方框中
需要删除的图标示意图

图 2-15 视图快捷菜单示意图

2.2 二维草图模块

本节主要介绍在绘制二维草图时所用到的主要命令。重点介绍的内容包括基本几何形状绘制、草图编辑、草图操作、草图尺寸标注、草图几何约束、倒圆角、倒全圆角和倒斜角等。

2.2.1 基本几何形状绘制

1. 轮廓曲线

先进入草图模块,点击〖插入〗→〖在任务环境中绘制草图〗(一般不选择草图),然后弹出一个创建草图的对话框,直接点击〖确定〗(默认在 xy 平面绘制草图)。绘制草图一般都是先画直线、圆弧、多边形等建模特征曲线,然后通过次序约束、几何约束对其进行修改。

2. 轮廓

在线串模式下创建一系列的相连直线和(或)圆弧。

在线串模式下,上一条线的终点为下一条线的起点。画图时,选择〖连续自动标注尺寸〗会自动标注创建图形的尺寸(见图 2-16),但这会使显示界面混乱,因此需要在工具条取消〖连续自动标注尺寸〗。

图 2-16　〖连续自动标注尺寸〗命令示意图

　　需要注意的是,此次取消仅对当前草图有用。

　　按照以下步骤可实现默认取消:选中〖完成草图〗,点击〖文件〗→〖实用工具〗→〖用户默认设置〗;在出现的对话框中点击〖草图〗→〖自动判断的约束和尺寸〗,将〖在设计应用程序中连续自动标注尺寸〗前的勾选去掉(见图 2-17);保存当前文件,将 UG NX 10.0 软件重启即可。

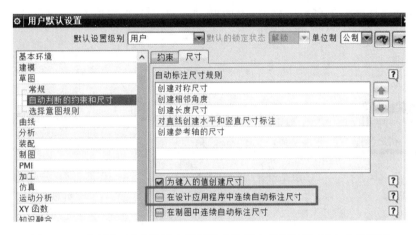

图 2-17　取消勾选〖在设计应用程序中连续自动标注尺寸〗命令示意图

3. 直线

创建直线是选择轮廓时的默认模式(见图 2-18)。

4. 圆弧

使用〖圆弧〗命令(见图 2-19)创建圆弧的方法如下。

(1)三点定圆弧(见图 2-20):确定起点和终点,通过拖动虚线确定半径的大小,也可以直接输入半径的数值。

(2)终点和端点定圆弧(见图 2-21):确定圆弧的圆心,再确认圆弧上一点,通过拖动虚线确定圆弧的大小,也可以直接输入半径的数值。

图 2-18　〖直线〗命令示意图

图 2-19　〖圆弧〗对话框

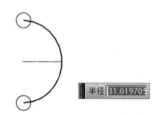
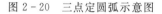

图 2-20 三点定圆弧示意图　　　　图 2-21 终点和端点定圆弧示意图

5. 圆

使用〖圆〗命令(见图 2-22)创建圆的方法如下。

(1)圆心和直径定圆(见图 2-23):确定圆心,向内侧或外侧拖动确定圆的大小,也可以直接输入数值。

(2)三点定圆(见图 2-24):确定圆上两点,再点击第三点的位置,即可创建圆,也可以直接输入数值。

图 2-22 〖圆〗　　　图 2-23 圆心和直径　　　图 2-24 三点定圆
　　对话框　　　　　　　定圆示意图　　　　　　示意图

6. 矩形

使用〖矩形〗命令(见图 2-25)创建矩形的方法如下。

(1)按两点创建矩形(见图 2-26):根据对角上的两点创建矩形。创建出的矩形与 X 轴、Y 轴平行。

(2)按三点创建矩形(见图 2-27):从起点和决定宽度、高度与角度的两点来创建矩形。

(3)从中心创建矩形(见图 2-28):从中心点、决定角度和宽度的第二点、决定高度的第三点来创建矩形。(该方法不常用)

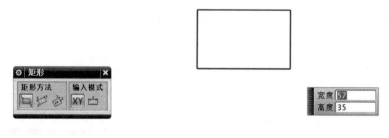

图 2-25 〖矩形〗对话框　　　　图 2-26 按两点创建矩形示意图

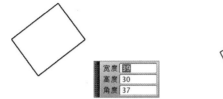

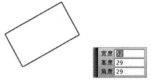

图 2-27   按三点创建矩形示意图   图 2-28   从中心创建矩形示意图

7. 多边形

激活〖多边形〗命令方式:〖插入〗→〖曲线〗→〖多边形〗(见图 2-29)。

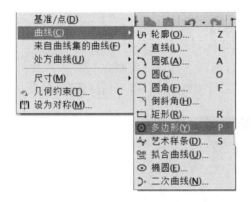

图 2-29   激活〖多边形〗命令示意图

完成激活操作即可弹出〖多边形〗对话框。

以五边形为例,指定一点后,拖动创建五边形(见图 2-30),绘制时有两个选项供选择:〖内切圆半径〗和〖外接圆半径〗。〖内切圆半径〗:多边形内心到一边的垂直距离(见图 2-31)。〖外接圆半径〗:多边形内心到一顶点的距离(见图 2-32)。

图 2-30   创建五边形示意图

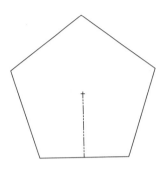

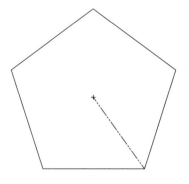

图 2-31 内切圆半径示意图   图 2-32 外接圆半径示意图

8. 椭圆

激活〖椭圆〗命令方式:〖插入〗→〖曲线〗→〖椭圆〗。

完成激活操作即可弹出〖椭圆〗对话框(见图 2-33)。

确定一指定点,输入大、小半径的数值,即可创建椭圆(见图 2-34)。

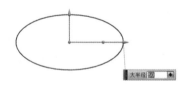

图 2-33 〖椭圆〗对话框   图 2-34 创建椭圆示意图

2.2.2 草图编辑

1. 修剪

以任意方向将曲线修剪至最近的交点或选定的边界。

〖快速修剪〗对话框如图 2-35 所示,激活〖快速修剪〗命令的快捷键为〖T〗。

需要注意的是,若不选择边界曲线,直接选择要修剪的曲线,则曲线(图 2-36 中虚线)会修剪到最近的交点处。若选择边界曲线为图 2-37 中右线,则直接修剪曲线至该曲线与右线的交点处(见图 2-37)。

图 2-35 〖快速修剪〗对话框

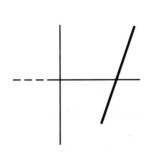

图 2-36 不选择边界曲线修剪示意图　　图 2-37 选择边界曲线修剪示意图

此外,激活〖快速修剪〗命令后,按住鼠标左键不放,拖动鼠标即可修剪掉鼠标所经过的曲线。

2. 延伸

将曲线延伸至另一临近的曲线或选定的边界。使用〖延伸〗命令可将曲线延伸。如图 2-38所示,虚线即为延伸出来的线。

3. 制作拐角

延伸或修剪两条曲线以制作拐角。

如图 2-39 所示,对两条直线使用〖制作拐角〗命令即可使两条直线延伸并相交形成角(虚线)。

图 2-38 曲线〖延伸〗示意图

图 2-39 制作拐角示意图

4. 派生曲线

在两条平行直线中间创建一条与另一条直线平行的直线,或在两条不平行直线之间创建一条角平分线。

使用〖派生曲线〗命令可创建一条与原线平行的线(见图 2-40),或创建两条不平行直线的角平分线(见图 2-41)。

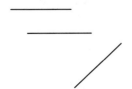

图 2-40 创建平行线示意图

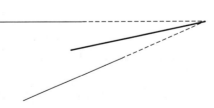

图 2-41 创建角平分线示意图

2.2.3 草图操作

草图操作主要包括偏置曲线、阵列曲线和镜像曲线等(见图2-42)。

1.偏置曲线

将草图中的曲线沿指定方向偏置一定的距离而产生新的曲线(见图2-43)。

图2-42 草图操作　　　　图2-43 〖偏置曲线〗对话框

示意图

如图2-44所示,对一个长方体使用〖偏置曲线〗命令,可在其一侧创建新的长方体。

需要注意的是,偏置曲线时,如果勾选了〖创建尺寸〗,那么偏置曲线完成后还可双击尺寸进行更改;如果未勾选〖创建尺寸〗,那么偏置曲线完成后不能再更改偏置尺寸。如果勾选〖对称偏置〗,那么偏置曲线时同时往两个方向偏置(见图2-45)。

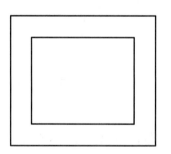

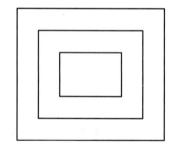

图2-44 使用〖偏置曲线〗　　　　图2-45 使用〖对称偏置〗

命令创建新长方体示意图　　　　命令示意图

〖副本数〗为偏置曲线个数,可同时偏置出多条曲线。如果〖端盖选项〗选择〖圆弧帽形体〗,则偏置出的曲线有倒圆角,圆角半径等于偏置距离。

圆弧偏置一般用于获取弧形"U"形槽。

2.阵列曲线

可对草图平面平行的边、曲线和点设置阵列曲线(见图2-46)。

〖布局〗下拉栏中有以下选项:线性、圆形和常规。所需阵列的图形会沿着所选布局完成阵列。

以圆形阵列为例,将小圆沿着大圆阵列,获得 8 个均匀分布的小圆,阵列前示意图如图
2－47所示。

图 2－46　〖阵列曲线〗对话框

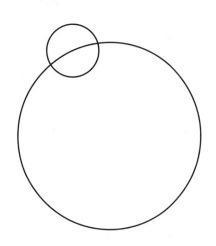

图 2－47　阵列前示意图

选择曲线为小圆,指定点为大圆圆心,〖间距〗选择〖数量和跨距〗,〖数量〗输入数值 8,确
定后即可获得 8 个小圆。阵列后示意图如图 2－48 所示。

这里的〖间距〗可有三个选择(见图 2－49),节距是指选定曲线的每一个副本之间的距
离,跨距是指从选定曲线到阵列中最后一个曲线的距离。在操作过程中,对于不同情况选取
最佳阵列布局即可。

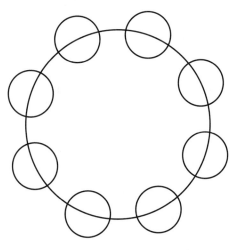

图 2－48　阵列后示意图

图 2－49　间距选择示意图

3. 镜像曲线

对已建立的图形元素绘制镜像曲线(见图 2－50)。

需要注意的是,在使用〖镜像曲线〗命令时,还需要一条中心线作为镜像时的对称轴。

以一个圆为例,选择左边圆后,选择直线为中心线,即可在直线另一侧镜像出原图形(见图2-51)。

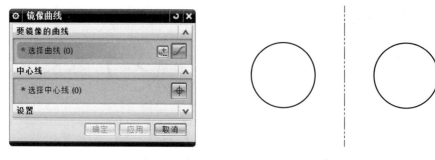

图2-50 〖镜像曲线〗对话框　　　　　　　　图2-51 镜像后示意图

〖偏置曲线〗、〖阵列〗、〖镜像曲线〗命令的使用可以使绘图更加方便。在使用过程中,通常使用快捷键激活这些命令。

"Ctrl+Shift+鼠标右键"将鼠标往上推,激活偏置曲线;"Ctrl+Shift+鼠标右键"将鼠标右滑,激活阵列曲线;"Ctrl+Shift+鼠标右键"将鼠标左滑,激活镜像曲线。以上快捷键要熟练掌握。

2.2.4 草图尺寸标注

使用快捷键〖D〗即可弹出〖快速尺寸〗对话框。

先做出几种典型曲线,然后使用〖尺寸标注〗对话框进行标注,放置尺寸位置和值的位置(见图2-52)。注意:软件中尺寸标注的单位默认为毫米(mm),因此在后文图示中尺寸标注的单位均不再一一给出。

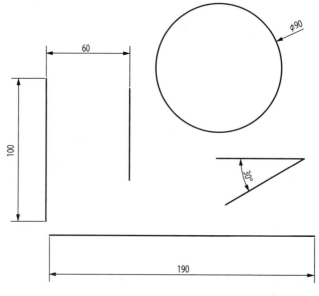

图2-52 标注尺寸示意图

双击尺寸值可对尺寸进行修改,同时图形会根据标注尺寸相应地变化。若〖驱动〗选择〖参考〗则不可再修改尺寸。

斜线有三种标注方法:第一种是两点间的直线距离,在光标与直线平行时显示;第二种是两点间的水平距离,在光标水平位置时显示;第三种是两点间的竖直距离,在光标竖直位置时显示。

若直接选择圆心,则可标注圆的直径;若选择两个圆的圆弧,则可标注两个圆的圆弧距离;若选择两条平行线,则可标注两条平行线的平行距离;若选择两条相交曲线则可标注两条曲线的角度(角度位置四个)。

〖方法〗一般选择〖自动判断〗(见图 2-53)。

图 2-53 〖方法〗选择〖自动判断〗示意图

〖设置〗中选择要继承的尺寸,即为另一个曲线标注与所继承的直线一样的设置。

尺寸标注的作用为约束尺寸。当绘制一个圆时,在界面下方会提示草图需要三个约束。在对圆进行直径、X 方向、Y 方向的距离标注后,即可确定圆的位置。这时界面下方提示草图已完全约束,此时的圆不可再移动或改变大小。

由此得知,尺寸约束可以让所画图形固定位置、大小,这点在绘图中非常重要。

2.2.5 草图几何约束

几何约束是二维草图绘制极为重要的部分,只有约束完全后,草图的位置才能确定下来。

几何约束是将特定性质或条件约束添加到草图几何图形中,这些约束用于指定并保持草图几何图形或草图几何图形之间的条件。几何约束可以约束一个图形元素或多个图形元素。

1. 点的捕捉

在绘制草图的过程中，需要选择指定点，这时就需要使用〖点的捕捉〗命令。

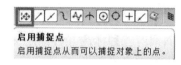

选中〖启用捕捉点〗后（见图 2-54），当鼠标移至点上时，可以自动捕捉点。

图 2-54 〖启动捕捉点〗命令示意图

下面介绍几种常见的捕捉点。

(1)端点：允许选择曲线上的端点。

(2)中点：允许选择线性曲线、开放圆弧和直线边的中点。

(3)控制点：允许选择曲线的端点和中点、现有的点及样条上的结点。

(4)交点：允许选择两条曲线之间的(投影)交点。

(5)圆心点：允许选择圆弧和椭圆的中心点。

(6)象限点：允许选择圆弧和椭圆的象限点。

(7)现有点：允许选择现有的点。

(8)曲线上的点：允许选择曲线上最接近光标中心的点。

2. 几何约束类型

在进行图形约束时，选择需要的约束对象和约束体后会弹出多个约束选择，如图 2-55 所示。

对于不同的图形，约束也会不同，这里简单介绍几种约束的类型。

图 2-55 约束选择
示意图

(1)点在直线上：定义指定点在指定线上。

(2)相切：定义选取的两条曲线相切。

(3)平行：约束两条或多条曲线，使之平行。

(4)垂直：约束两条曲线，使之垂直。

(5)水平约束：定义两条直线互相平行。

(6)竖直约束：定义直线为竖直线。

(7)中点：定义指定点位于曲线的中点。

(8)共线：以与坐标轴共线为例，以此拉伸坐标轴。

(9)同心：定义两个或多个圆或椭圆同心。

(10)等长：定义两条或多条曲线的长度相等。

(11)等半径：约束两个或多个圆弧，使之具有相等的半径。

(12)固定：将草图对象固定在某个位置上。

(13)完全固定：创建足够的约束，以便通过一个步骤来完全定义草图几何形状的位置和方向。

(14)定长：定义选取的曲线为固定的长度。

(15)定角：定义选取的直线为固定的角度。

3. 转换至参考对象

〖转换至参考对象〗命令的作用是将草图曲线或草图尺寸从实线转换为参考线，或者反过来。以图 2-56 为例，将中间线(不想删除但又不作为图形元素)改为参考线即可实现拉伸,否则不能实现拉伸操作。当线条需要作为参考依据,但又不能作为实线的时候,就需要转化为参考线。

4.备选解

〖备选解〗命令的作用是针对尺寸约束或几何约束显示备选解决方案。

以两圆相切为例,两圆相切有内切和外切两种解,使用〖备选解〗命令即可将当前解转换为另外的解(见图 2－57)。

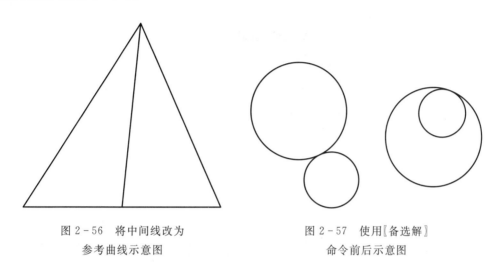

图 2－56　将中间线改为
参考曲线示意图

图 2－57　使用〖备选解〗
命令前后示意图

5.自动判断约束和尺寸

〖自动判断约束和尺寸〗命令的作用是控制哪些约束或尺寸在曲线构造过程中被自动判断。该命令可在绘制草图时自动标注约束和尺寸,这会使制图混乱,一般在命令栏中将该命令关闭。

6.创建自动判断约束

〖创建自动判断约束〗命令的作用是在曲线构造过程中启用自动判断约束。

需要注意的是,这个按钮不要关闭。以绘制矩形草图为例,如果关闭该按钮,那么需要16 个约束[见图 2－58(a)];如果未关闭该按钮,那么只需要 4 个约束[见图 2－58(b)]。这是因为开启该按钮后,在绘制过程中,每条线的端点连接的约束、水平约束、垂直约束会自动生成。此时拖动矩形任意一条边,由于约束的存在,仍会保持矩形的形状。

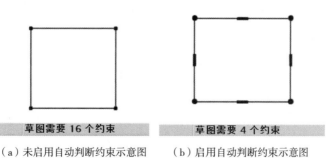

草图需要 16 个约束　　　　　草图需要 4 个约束

（a）未启用自动判断约束示意图　　（b）启用自动判断约束示意图

图 2－58　未启用、启用自动判断约束示意图

2.2.6 倒圆角、倒全圆角和倒斜角

1. 倒圆角

〖倒圆角〗命令的作用是在 2 条或 3 条曲线之间创建圆角。

以矩形框倒圆角为例,如果勾选了修建选项,那么在形成圆角时会将原有的线条修剪掉(见图 2－59);如果未勾选修建选项,那么形成圆角后原线条保持不变。

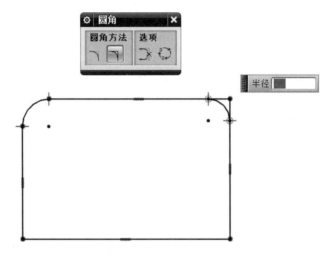

图 2－59　使用〖倒圆角〗命令示意图

2. 倒全圆角

倒全圆角时要以逆时针顺序选择(见图 2－60)。如果选择删除第三条曲线,那么原图线会被删除,只留圆弧,否则原图线会继续保留。如果倒全圆角时以顺时针顺序选择,那么可创建备选圆角来改正。若想快捷倒圆,则可长按鼠标左键,划过两条就近曲线(见图 2－61)。

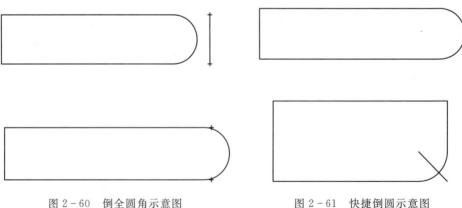

图 2－60　倒全圆角示意图　　　　　　图 2－61　快捷倒圆示意图

除了线与线倒圆角,圆与圆、圆弧与圆弧、圆弧与圆、直线与圆也都可以倒圆角,且都遵循逆时针原则。

3. 倒斜角

〖倒斜角〗命令的作用是对两条草图线之间的尖角进行倒斜角。以矩形框为例,若选择对称,则导出的斜角为等腰三角形(见图 2-62);若选择非对称,则需输入距离 1、距离 2,其中距离 1 为先选直线上所截距离(见图 2-63);若选择偏置和角度,则距离为先选直线上所截距离,角度为斜线与先选直线所成夹角。操作过程中尽量将距离锁定。

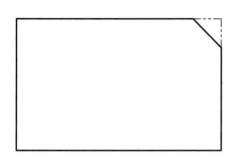

图 2-62　选择对称示意图

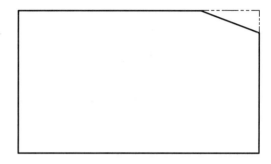

图 2-63　选择非对称示意图

由以下例子解释先学习〖约束〗命令的原因。

以矩形创建的第三种方式固定中心点于原点处,输入〖宽度〗、〖高度〗、〖角度〗数值后,建立一个矩形,界面下方显示矩形已完全约束。然后以〖取消修剪〗的方式,输入半径数值后,对矩形四个拐角进行倒圆,此时显示草图已完全约束(见图 2-64)。

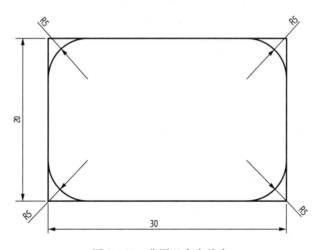

图 2-64　草图已完全约束

如果以〖修剪〗的方式进行倒圆,此时就会出现需要 2 个约束(见图 2-65),也就是矩形可以沿 X 方向和 Y 方向进行移动,因为 4 个点被修剪了。

图 2-65 中的图形只是倒了 4 个圆角,对于需要倒更多圆角的图形,在画好图形之后再进行倒圆角的步骤是错误的。

正确的步骤:先绘图,再随意倒角,先约束等圆角之后再约束其他的尺寸。

由此可知,先学习〖约束〗命令,才能在倒角时发现错误,并改正。

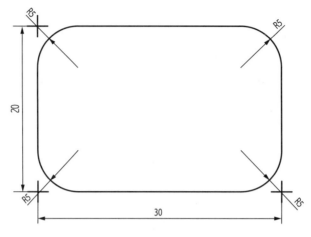

图 2-65 草图未完全约束

2.3 二维草图绘制技巧

一般来说,绘制草图有三种方法:第一种是一步成形法,即利用〖轮廓〗命令进行绘图;第二种是还原法(对于一些无法用直线或圆弧的草图,可以用还原法进行还原,然后再进行修剪);第三种也是最常用的——尺寸标注法和几何约束法。

下面通过部分草图实例进一步讲解绘制草图的方法技巧。

技巧1 使用尽可能简单的方法绘制 2D 草图

【例 2-1】 绘制如图 2-66 所示的草图。

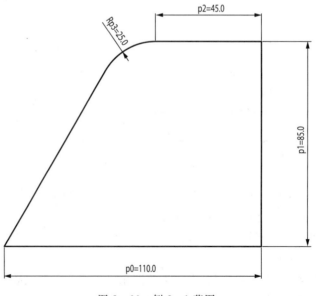

图 2-66 例 2-1 草图

解　具体步骤如下：

(1)绘制基本轮廓。

(2)通过几何约束实现直线与圆相切。

(3)标注尺寸,检查约束是否完全。

图 2-66 中,每个尺寸的标注都是"px＝…",这是系统默认的表达式的形式,看起来不方便,需要将其删掉。

先完成草图并保存,然后点击〖文件〗→〖实用工具〗→〖用户默认设置〗→〖选择草图〗,将〖设计应用程序中的尺寸标签〗由〖表达式〗改为〖值〗,最后重启实现修改。修改尺寸标注如图 2-67 所示。

图 2-67　修改尺寸标注

【例 2-2】　绘制如图 2-68 所示的草图。

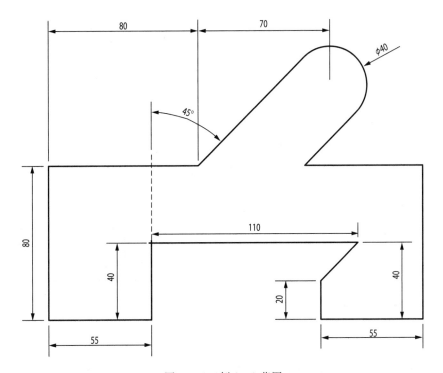

图 2-68　例 2-2草图

解 具体步骤如下：

(1)绘制如图 2-69 所示的轮廓图。

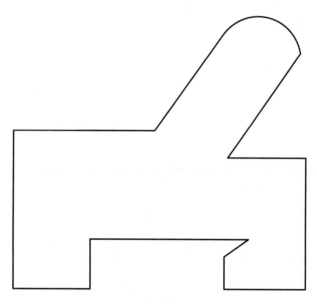

图 2-69 绘制轮廓图

(2)进行约束和标注尺寸(见图 2-70)，即可实现相切、共线、平行等要求。

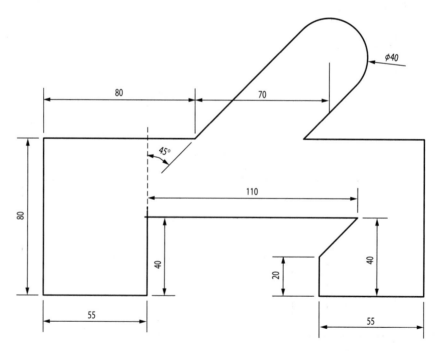

图 2-70 约束和标注尺寸

标注尺寸一般从小到大进行修改。最后形成如图 2-68 所示的草图。

注意：在标注圆的半径时，在〖标准尺寸〗对话框中，将〖标注方法〗选择为〖径向〗。此外，在标注完尺寸后，最好拖动标注的尺寸，将其排列整齐，这样方便阅图。

技巧2 灵活运用外形恢复和几何约束两种方法

【例2-3】 绘制如图2-71所示的草图。

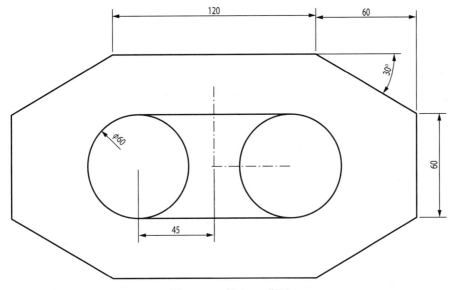

图2-71　例2-3草图

解　具体操作步骤如下。

方法一

(1)绘制外部轮廓并标注尺寸(见图2-72)。使用中点约束将轮廓中心约束在原点，并使斜边等长。

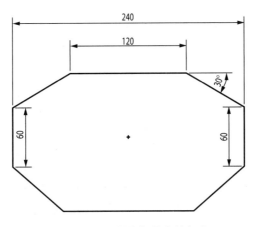

图2-72　绘制外部轮廓并标注

(2)绘制矩形然后再倒圆角。在绘制矩形的时候，不要先定义尺寸，可以在后面通过约束进行尺寸标注。

方法二

方法一最后需要标注许多尺寸,不能满足简单快速的制图要求,接下来使用一种尺寸约束较少的绘制方法。

(1)绘制如图2-73所示的轮廓图,将轮廓端点分别约束到 X 轴、Y 轴上,再对轮廓图进行尺寸标注(见图2-74)。

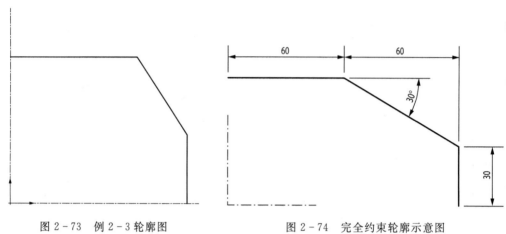

图2-73　例2-3轮廓图　　　　　　图2-74　完全约束轮廓示意图

(2)使用〖镜像〗命令,选中轮廓图,依次选中 X 轴、Y 轴作为中心线,完成外轮廓的绘制(见图2-75)。使用〖镜像〗命令可以大大减少操作过程。

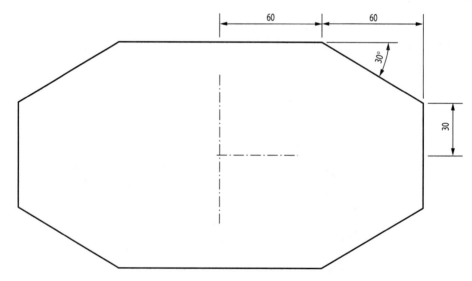

图2-75　镜像操作后示意图

(3)绘制内部结构。绘制内部结构也可以使用〖镜像〗命令。绘制所需尺寸的矩形,然后在一端绘制圆心,通过镜像和修剪的办法进行绘制圆角(此时镜像通过"Ctrl＋Shift＋鼠标右键"实现),并将左右两边线转换为参考线。

技巧 3 利用外形和几何约束进行快速绘制

【例 2-4】 绘制如图 2-76 所示的草图。

分析

　　本例的草图大部分是由圆弧组成,只有三条直线,其中两个没有标注尺寸。另外,大部分圆弧只给出半径尺寸,并没有给出圆心位置。这种图形只能通过外形恢复的办法进行绘制。

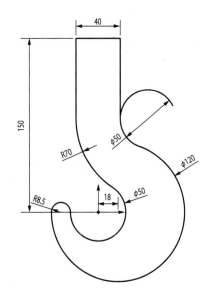

图 2-76　例 2-4 草图

解　具体操作步骤如下。

　　(1)依次绘制圆心在原点 $\phi50$ 圆和圆心在 X 轴上距离原点为 18 mm 的 $\phi120$ 圆,然后绘制最上方长度为 40 mm 的直线,约束其与 X 轴距离为 150 mm,其一端与 Y 轴水平距离为 20 mm(见图 2-77)。

　　(2)从(1)中直线两端分别引下一条竖直线,绘制 R70 的圆弧,约束其分别与左边竖直线和 $\phi50$ 圆相切。同理,绘制 $\phi50$ 圆弧,约束其分别与右边竖直线和 $\phi120$ 圆相切。

　　(3)倒(1)中两圆 R8.5 的圆角,并约束其圆心在 X 轴上。

　　(4)修剪多余线条,检查约束是否完全,形成如图 2-78 所示的草图。

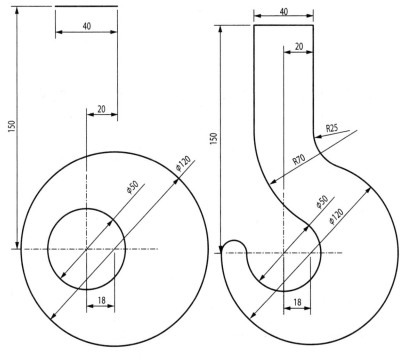

图 2-77　绘制圆和直线　　　　图 2-78　形成的草图

技巧 4 快捷修改并用快捷键绘制草图

在学习 UG 软件之前,可能有人已经学过 Solidworks,pro-E 等软件,这些软件的快捷键都不一样,在此可以自定义快捷键来使操作更方便。

现有草图的快捷键:轮廓〖Z〗,直线〖L〗,圆弧〖A〗,圆〖O〗,倒圆〖F〗,矩形〖R〗。

在定义快捷键之前,需要了解常用命令的位置,比如〖偏置曲线〗命令在〖插入〗→〖来自曲线集曲线〗→〖偏置曲线〗,〖直线〗命令在〖插入〗→〖曲线〗→〖直线〗,等等。

点击〖工具〗→〖定制〗(见图 2-79)→〖命令〗。

图 2-79 〖定制〗对话框

在〖命令〗栏下选择〖菜单条〗→〖曲线〗,点击〖键盘〗,然后进入〖定制键盘〗对话框(见图 2-80),指定一个命令。

图 2-80 〖定制键盘〗对话框

如果将圆的快捷键由〖O〗改为〖C〗,那么先移除快捷键,然后再指派,即使〖C〗已经被另一个快捷键使用了,也可以再次指派,选择全局或仅应用模块(草图模块)。其他的命令按照个人使用习惯指派,可以是字母,也可以是数字,指派完成后点击〖保存〗。

【例 2-5】 绘制如图 2-81 所示的草图。

解 具体操作步骤如下。

(1)绘制 φ120 的圆。使用快捷键〖D〗,选择〖径向〗,标注尺寸(见图 2-82)。

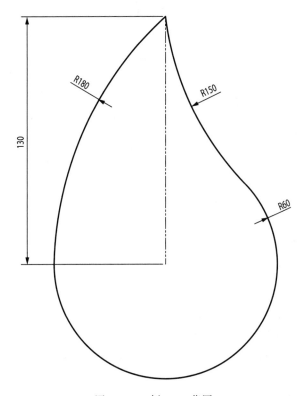

图 2-81 例 2-5 草图

(2)以绘制好的圆的圆心为起点,绘制 $L=130$ 的竖直直线,并转化为参考线(见图 2-83)。

(3)绘制 R180 的圆弧(快捷键〖A〗),一端放在直线顶部,另一端放在圆上,约束为与第一步绘制的圆相切。

(4)同理,绘制出 R150 的圆弧,修剪多余线条,检查约束是否完全,形成如图 2-84 所示的草图。

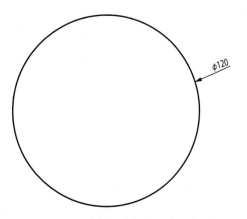

图 2-82 绘制圆并标注尺寸示意图

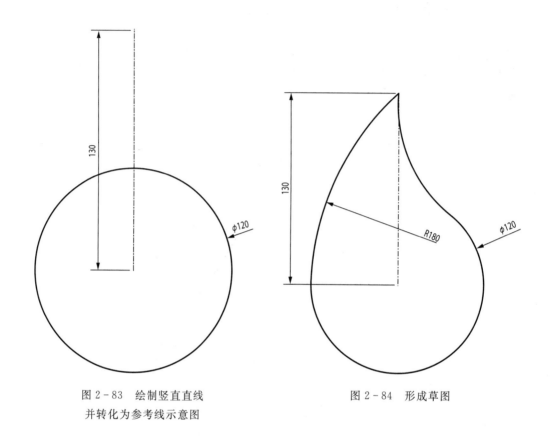

图 2 - 83　绘制竖直直线　　　　　　　　　图 2 - 84　形成草图
　　　并转化为参考线示意图

技巧5　圆弧过多图形的绘制并用快捷绘制草图

新手在绘制含有过多圆弧的图时,容易出现过约束或欠约束两种情况。下面以一实例进行讲解。

【例 2 - 6】　绘制如图 2 - 85 所示的草图。

分析

　　寻找基准点。定下基准点可以大概确定整张草图的位置,方便绘制草图。本例以R30 和 R80 的圆心为基准点。

　　解　具体操作步骤如下。

(1)绘制底部圆心在原点的 R30、R80 圆(见图 2 - 86)。

(2)绘制 $\phi35$ 和 $\phi70$ 的同心圆,圆心约束在 Y 轴,且距轴距离为 150 mm,然后对两外圆倒 R100 的圆角(见图 2 - 87)。

(3)绘制 R250 圆弧,约束其端点分别与 $\phi70$ 圆、R30 圆相切。在 R30 圆弧上向右引出与其相切,且与 Y 轴夹角为 45°的直线,对该直线与 R80 圆倒 R10 的圆角。

(4)修剪多余线条,检查约束是否完全,形成如图 2 - 88 所示的草图。

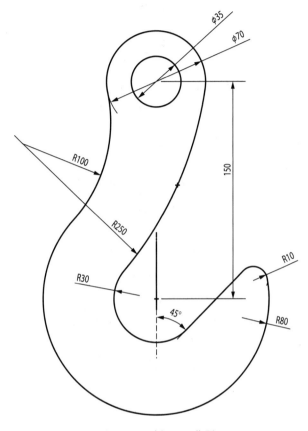

图 2-85　例 2-6 草图

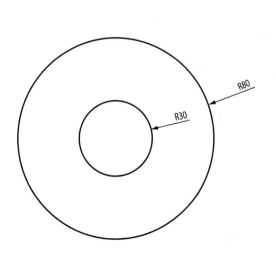

图 2-86　绘制同心圆示意图

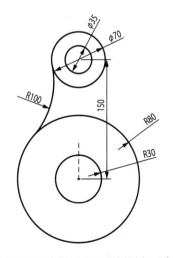

图 2-87　绘制同心圆和倒圆角示意图

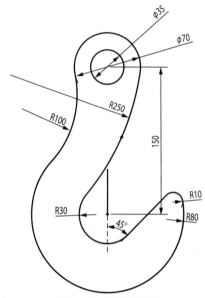

图 2-88 形成草图

技巧6 镜像图形的绘制方法

对于某些对称图形的绘制,使用〖镜像绘制〗命令会使绘图步骤大大减少。

【例2-7】 绘制如图2-89所示的草图。

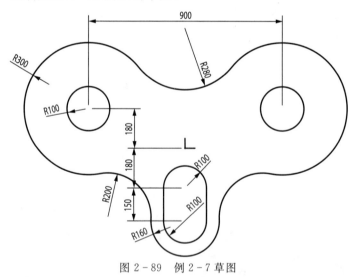

图 2-89 例 2-7 草图

分析

此例中的草图关于 Y 轴对称,因此可以采用镜像绘制。

解 具体操作步骤如下。

(1)画左边的 R100 和 R300 的圆,圆心距 X 轴距离为 180 mm,并使用〖镜像〗操作(见图 2-90)。

(2)约束 R100 的两圆心间距离为 900 mm,并对外侧大圆倒 R280 的圆角(见图 2-91)。

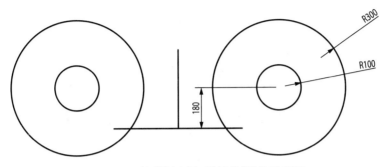

图 2-90　绘制同心圆后〖镜像〗操作示意图

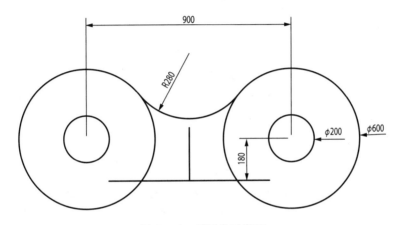

图 2-91　倒圆角示意图

(3)绘制圆心在 Y 轴上等半径 R100 的两圆,约束上圆圆心距离原点 180 mm,绘制两条竖直相切线,约束距离为 150 mm(见图 2-92)。

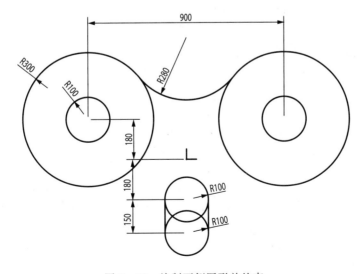

图 2-92　绘制下侧图形并约束

(4)绘制草图下部 R160 的圆弧,然后与两边圆倒 R200 的圆角。修剪多余线条,检查约束是否完全,形成如图 2 - 93 所示的草图。

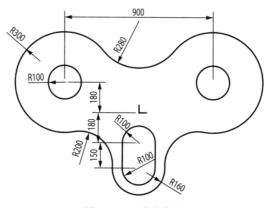

图 2 - 93 形成草图

技巧 7 旋转阵列几何图形的绘制技巧和方法

与〖镜像〗操作类似,当草图中的图形元素呈有规律分布时,可以使用〖阵列〗或〖旋转〗命令来简化制图过程。

【例 2 - 8】 绘制如图 2 - 94 所示的草图。

分析

该草图可由一个小圆经过阵列获得,一个一个绘制会使绘图复杂化。

解 具体操作步骤如下。

(1)从原点引出一条与 Y 轴夹角为 22.5°的斜线,并设其为参考线。

(2)绘制 R20 的圆,约束其圆心在斜线端点上,并约束其与 Y 轴相切。

(3)使用〖阵列〗命令,将圆沿原点阵列,数量为 8 个(见图 2 - 95)。

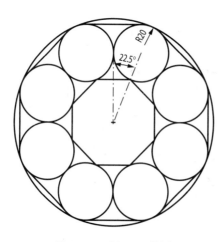

图 2 - 94 例 2 - 8 草图

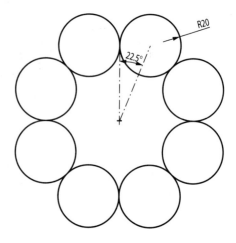

图 2 - 95 阵列小圆示意图

（4）绘制任意两相邻圆之间的两条切线，并绘制与小圆外切的大圆（见图 2-96）。

（5）选中两条切线再次进行阵列，检查约束是否完全，形成如图 2-97 所示的草图。

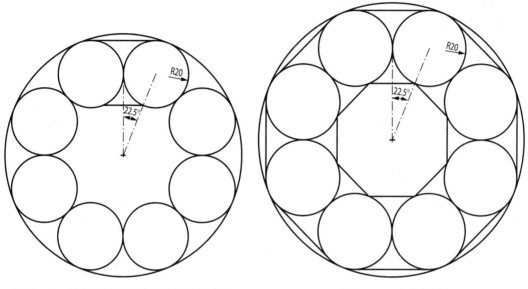

图 2-96　绘制小圆切线及其外切圆示意图　　　　　　　图 2-97　形成草图

技巧 8　简单图形的快速绘制

简单图形的快速绘制是草图绘制时极为重要的一部分，快速、正确地绘出图形需要进行大量的练习并在实际操作中改进绘图方案。

【例 2-9】　绘制如图 2-98 所示的草图。

解　具体操作步骤如下。

（1）绘制 R50 的外圆，然后绘制任意一个五角星（见图 2-99），注意此时除了五个角点约束在圆上，不要附加其他约束。

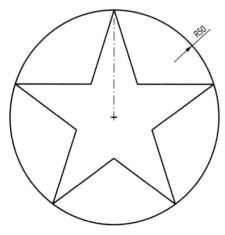
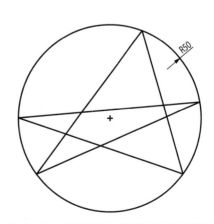

图 2-98　例 2-9 草图　　　　　　　图 2-99　绘制外圆和任意五角星示意图

(2)修剪多余线条,约束五角星各边等长,若步骤相反则无法完全约束。将最上方角点约束在 Y 轴上,即得如图 2-98 所示的草图。

技巧9 多圆弧相切连接绘制技巧

【例 2-10】 绘制如图 2-100 所示的草图。

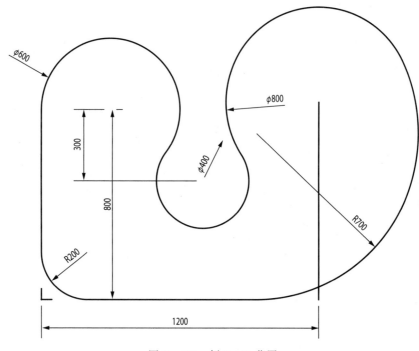

图 2-100 例 2-10 草图

解 具体操作步骤如下。

(1)绘制竖直和水平两条直线,分别与 Y 轴、X 轴重合。之后绘制左上角 φ600 的圆,约束其与竖直线相切且圆心至水平线距离为 800 mm(见图 2-101)。

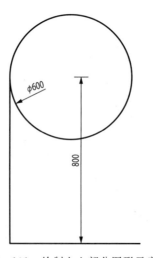

图 2-101 绘制左上部分图形示意图

　　(2)绘制 φ400 的圆,约束其圆心距 φ600 的圆的圆心距离为 300 mm,并与图 2 - 101 绘制的圆相切(见图 2 - 102)。

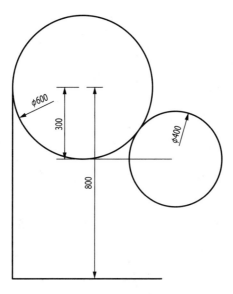

图 2 - 102　绘制相切圆

　　(3)对水平线尺寸进行标注,令其长度为 1200 mm,并以右端点为起点向上绘制竖直线。绘制 φ800 的圆,约束其圆心在竖直线上,并与 φ400 的圆相切(见图 2 - 103)。

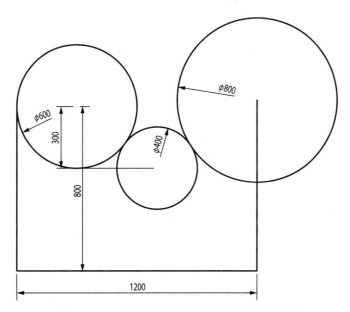

图 2 - 103　绘制竖直线和圆,并进行约束示意图

　　(4)将绘制的竖直线改为参考线。使用〖圆弧〗命令绘制 R700 的圆弧,并约束该圆弧分别与圆和直线相切,即绘制 R700 的圆弧时,将其一端放在 φ800 的圆上,另一端放在水平线上,倒左下角 R200 的圆角(见图 2 - 104)。

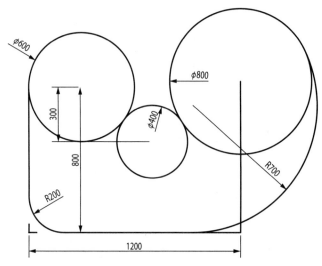

图 2－104 绘制圆弧并进行约束示意图

（5）修剪多余直线，检查约束是否完全。

技巧 10 椭圆不能修剪问题解决及图形绘制

【例 2－11】 绘制如图 2－105 所示的草图。

分析

此例中的草图关于原点对称，因此可以采用镜像绘制。

解 具体操作步骤如下。

（1）绘制长半径为 100 mm、短半径为 70 mm 的椭圆，并选中该椭圆，约束其与 X 轴平行（见图 2－106）。

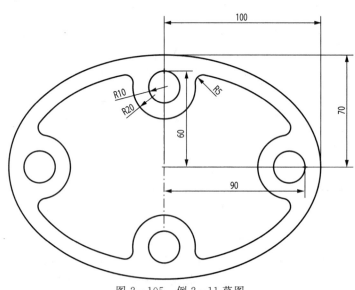

图 2－105 例 2－11 草图

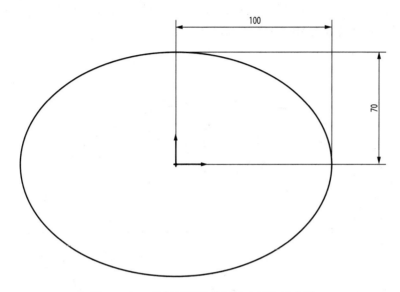

图 2-106 绘制椭圆并进行尺寸标注示意图

（2）取消椭圆命令的角度限制，并把角度改为 0～90°，绘制长半径为 90 mm、短半径为 60 mm 的 1/4 椭圆，约束首尾两端分别落在 X 轴、Y 轴上，同样选中该椭圆，约束其与 X 轴平行。

（3）在 X 轴、Y 轴上分别抓取两个点并绘制两个同心圆，分别约束两小圆和两大圆等半径且分别与两椭圆相切，并标注尺寸。将同心圆圆心约束在 X 轴、Y 轴上（见图 2-107）。

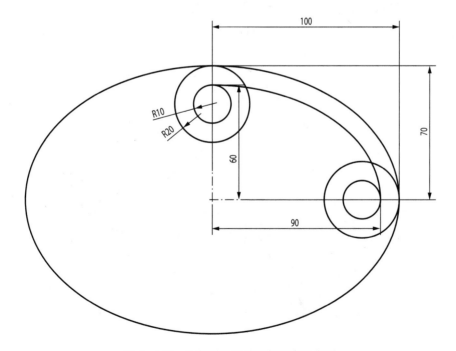

图 2-107 绘制同心圆并进行约束示意图

　　(4)对 R20 圆与内椭圆倒圆角,并约束两圆角等半径,标注半径为 5 mm。分别以 X 轴、Y 轴为中心线,使用【镜像】操作(见图 2-108)。

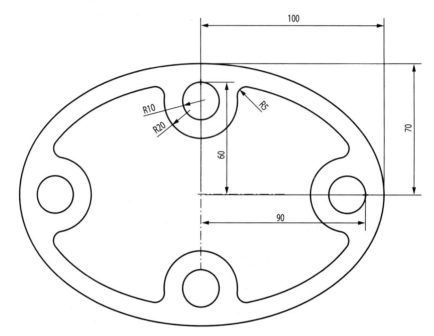

图 2-108　倒圆角并约束后进行镜像操作示意图

(5)修剪多余线条,检查约束是否完全。

技巧 11　外形线框复杂或尺寸过多的图像绘制技巧

【例 2-12】　绘制如图 2-109 所示的草图。

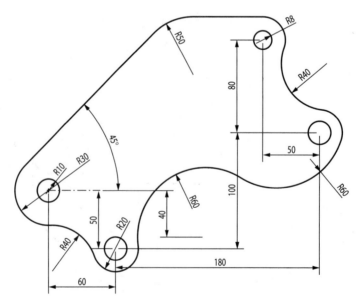

图 2-109　例 2-12 草图

分析

此例外形线框复杂，需要先把圆的位置确定好，再进行直线的绘制。

解　具体操作步骤如下。

（1）在原点绘制最左侧 R30 和 R10 的同心圆；在大致位置绘制其他圆，约束右侧三个同心圆外圆等半径，尺寸为 R20；标注右上方内圆半径为 R8，约束其余内圆等半径，尺寸为 R10（见图 2－110）。

（2）按照图 2－111 约束各个同心圆圆心之间的距离，确定各圆位置。

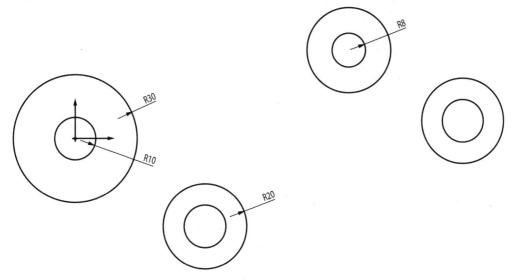

图 2－110　大致画出所有圆并进行尺寸标注示意图

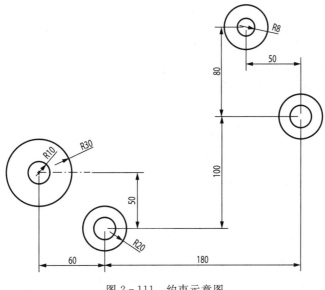

图 2－111　约束示意图

（3）绘制水平直线与上圆相切、斜直线与原点圆相切，约束斜直线与 X 轴夹角为 45°，并在两直线间倒 R50 的圆角（见图 2-112）。

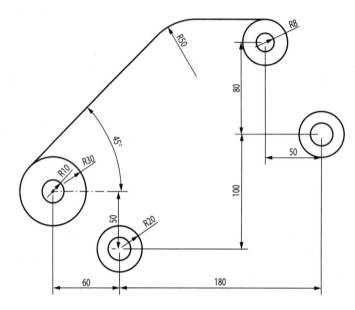

图 2-112　绘制直线并进行约束示意图

（4）在右侧两圆间倒 R40 的圆角（见图 2-113）。

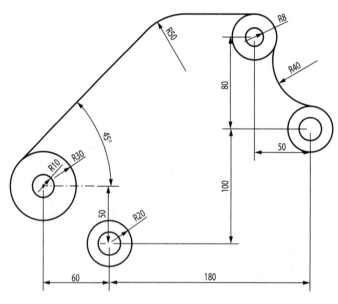

图 2-113　倒右侧圆角示意图

（5）在左侧两圆间倒 R40 的圆角（见图 2-114）。

（6）绘制 R60 的圆，约束其圆心距离 X 轴 40 mm，并与左下方圆相切。在 R60 圆和右侧圆之间绘制 R60 圆弧，端点落在两圆上，并约束圆弧与两圆相切（见图 2-115）。

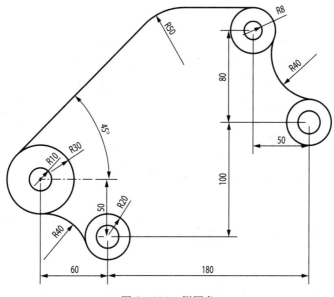

图 2-114　倒圆角

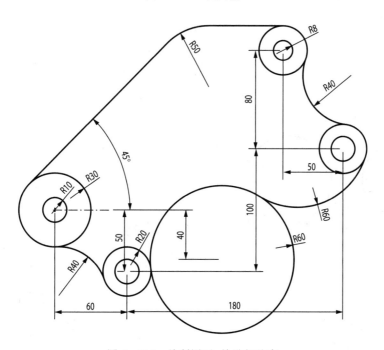

图 2-115　绘制圆弧,并进行约束

(7)修剪多余线条,检查约束是否完全。

【例 2-13】　绘制如图 2-116 所示的草图。

　　解　具体操作步骤如下。

　　(1)以最左侧圆弧的圆心为原点,在大概位置把所有圆画出来,约束它们的半径,并进行尺寸标注(见图 2-117)。

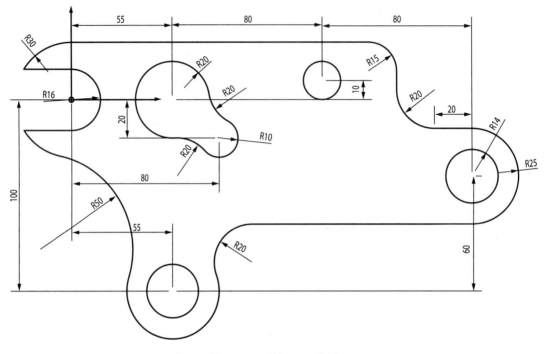

图 2-116 例 2-13 草图

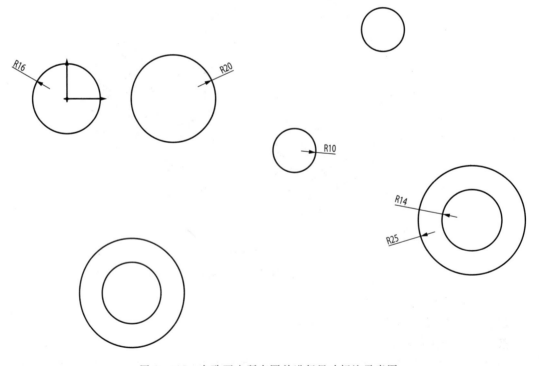

图 2-117 大致画出所有圆并进行尺寸标注示意图

（2）按照图 2-118 约束各个圆圆心之间的距离，确定各圆位置。

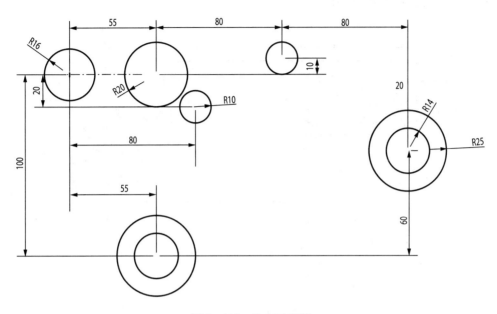

图 2-118　约束示意图

（3）绘制直线轮廓与右侧圆相切，倒右侧 R15、R20 的圆角、倒下方 R20 的圆角（见图 2-119）。

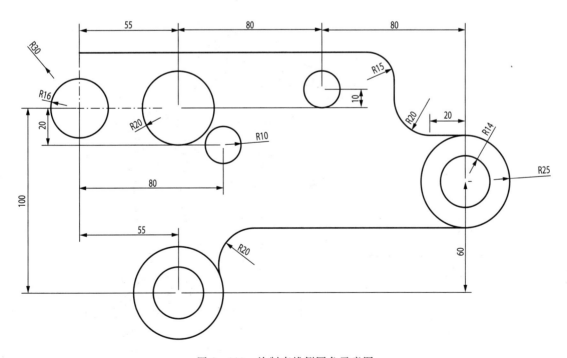

图 2-119　绘制直线倒圆角示意图

(4)绘制左侧开口处曲线,使用〖镜像〗操作形成开口,标注尺寸后倒下方 R50 的圆角,最后倒中间两圆 R20 的圆角(见图 2-120)。

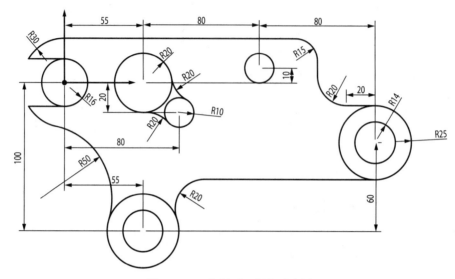

图 2-120　绘制开口部分示意图

(5)修剪多余线条,检查约束是否完全。

技巧 12　复杂圆弧图形的绘制技巧

【例 2-14】　绘制如图 2-121 所示的草图。

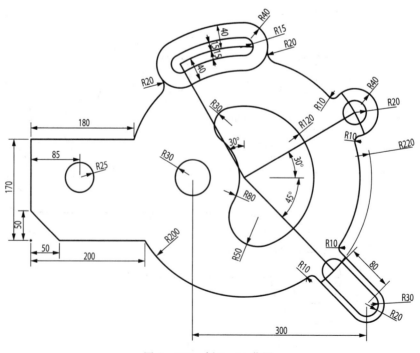

图 2-121　例 2-14 草图

分析

此例约束复杂,一般分部绘制,使每一部分都保证完全约束。

解　具体操作步骤如下。

(1)绘制 R200、R220 的同心圆,将外侧圆转化为参考线(见图 2-122)。

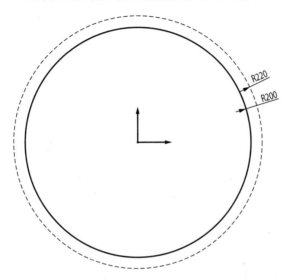

图 2-122　绘制同心圆并将外侧圆转化为参考线示意图

(2)绘制下侧 45°直线,绘制两等半径圆,并标注两等半径圆的圆心距离为 80 mm,在外侧圆的圆心绘制 R30 同心圆。在两小圆间绘制切线,使用〖镜像〗命令将切线沿中心线对称,此时中心线自动转化为参考线,只需修剪多余头部。

(3)绘制外侧圆切线与内侧圆切线平行,使用〖镜像〗命令将切线沿中心线对称(见图 2-123)。

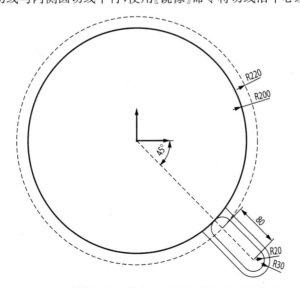

图 2-123　绘制外侧圆切线与内侧圆切线平行后镜像示意图

（4）将切线与中心圆倒 R10 的圆角，修剪多余线条，检查约束是否完全（见图 2-124）。

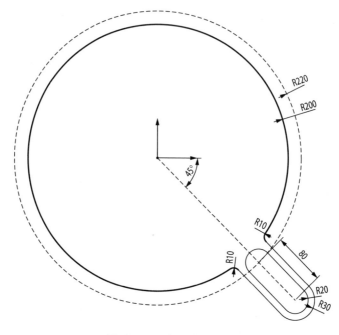

图 2-124　倒圆角示意图

（5）绘制右上侧 30°直线，在直线与参考线交点处绘制 R20、R40 的同心圆，并在 R200 圆与 R40 圆间倒 R10 的圆角，将直线转化为参考线，修剪多余线条，检查约束是否完全（见图 2-125）。

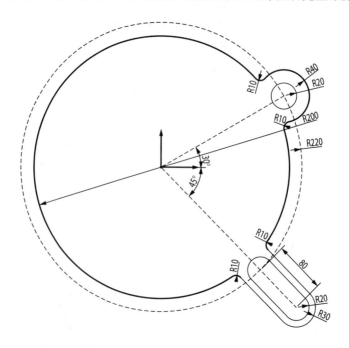

图 2-125　绘制右上部分同心圆，倒 R10 的圆角示意图

（6）绘制左侧 30°直线，在 Y 轴与 R220 圆参考线交点处绘制 R15、R40 的同心圆，在此同心圆右侧 Y 轴与 R220 圆参考线的交点处绘制 R15、R40 的同心圆（见图 2 - 126）。

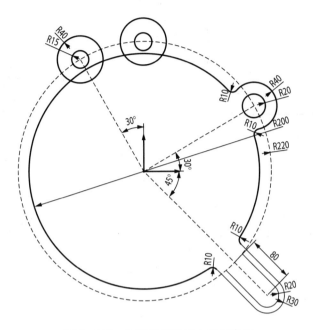

图 2 - 126　绘制直线及同心圆示意图

（7）修剪同心圆两侧参考线，将中间参考线对两侧进行 15 mm、40 mm 的对称偏置，在 R40 圆与 R200 圆间倒 R20 的圆角，修剪多余线条，检查约束是否完全（见图 2 - 127）。

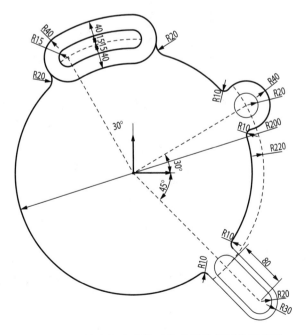

图 2 - 127　将中间参考线对称偏置并倒圆角示意图

(8)绘制左侧矩形,将左下角倒斜角,绘制矩形 R25 内圆,进行尺寸标注(见图 2-128)。

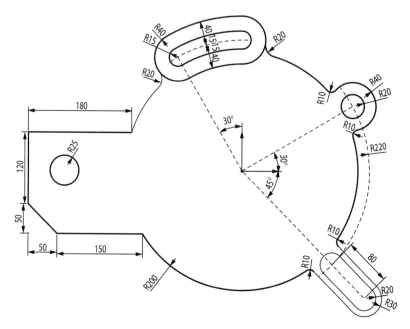

图 2-128　绘制左侧矩形及内圆,将左下角倒斜角,进行尺寸标注示意图

(9)在 X 轴上绘制 R30、R80 两同心圆,圆心到右下圆心横向距离为 300 mm。在原点绘制 R120 圆,在 R80 圆与 R120 圆间倒 R30、R50 两圆角(见图 2-129)。

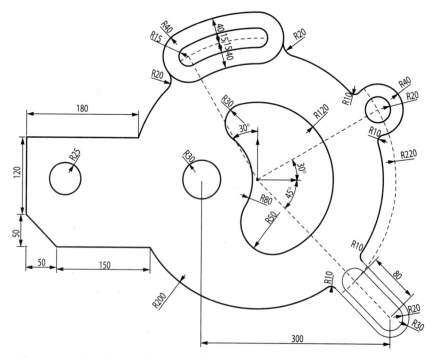

图 2-129　在 X 轴上绘制 R30、R80 同心圆,在原点绘制 R120 圆,倒圆角示意图

(10)修剪多余线条,检查约束是否完全。

技巧 13　较复杂旋转阵列几何图形绘制

【例 2 - 15】　绘制如图 2 - 130 所示的草图。

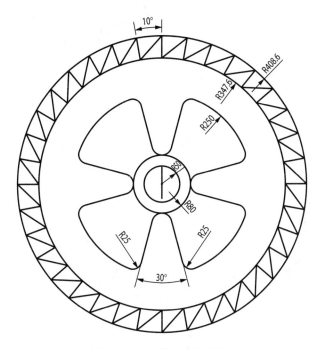

图 2 - 130　例 2 - 15 草图

解　具体操作步骤如下。

(1)先在原点绘制 R347.6、R408.6 的同心圆(见图 2 - 131)。

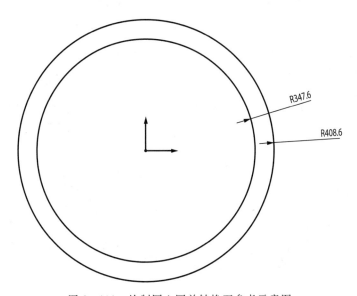

图 2 - 131　绘制同心圆并转换至参考示意图

（2）绘制与 X 轴夹角为 10°的直线，连接两交点，修剪掉圆内直线。

（3）使用〖阵列〗操作将斜线与 10°剩余直线阵列 360°（见图 2－132）。

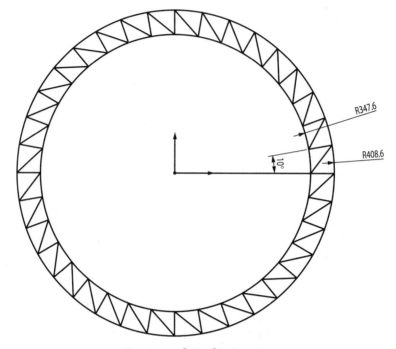

图 2－132　〖阵列〗操作示意图

（4）在原点绘制 R50、R80、R250 的同心圆，并将中间圆转化为参考线（见图 2－133）。

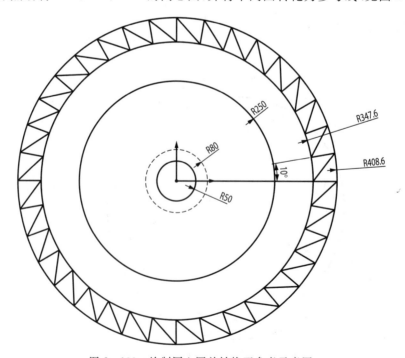

图 2－133　绘制同心圆并转换至参考示意图

（5）过坐标原点向左下方任意绘制一条直线与 R250 圆相交，使用〖镜像〗操作，将直线沿 Y 轴对称，约束夹角为 30°，在这两条直线与 R250 的圆之间倒 R25 的圆角。同理，在直线与 R80 的圆之间倒 R15 的圆角，并将其与 R80 圆相切。镜像操作示意图如图 2 - 134 所示。

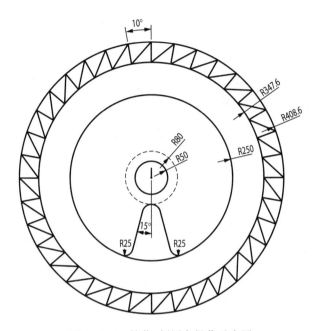

图 2 - 134　镜像、倒圆角操作示意图

（6）使用〖阵列〗命令，选中（5）中绘制的"几"字形曲线，以原点为指定点，阵列数量为 4，完成"扇叶"形状的绘制（见图 2 - 135）。

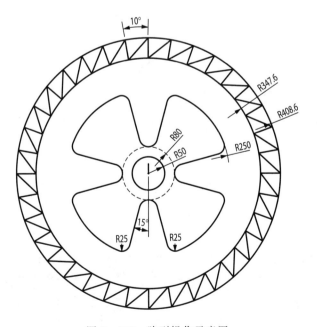

图 2 - 135　阵列操作示意图

（7）修剪多余线条,检查约束是否完全。

技巧14 图形分析与绘制

【例2-16】 绘制如图2-136所示的草图。

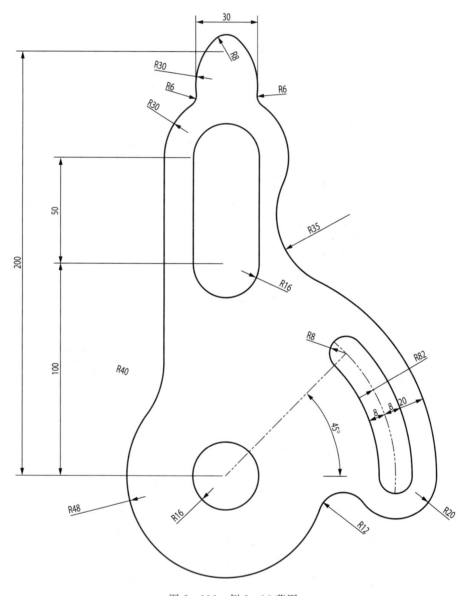

图2-136 例2-16草图

分·析

在拿到图形前,需要先关注外轮廓的大概形状和尺寸标注的基点,对图形分析好后再进行绘制,效率会大大提高。

解　具体操作步骤如下。

（1）在原点绘制 R16、R48 的同心圆，R82 的圆，45°直线，在 R82 圆上绘制两个 R8 的圆，约束 R8 的圆的圆心分别在 X 轴和 45°直线上，将直线和 R82 圆转化为参考线，修剪多余线条（见图 2 - 137）。

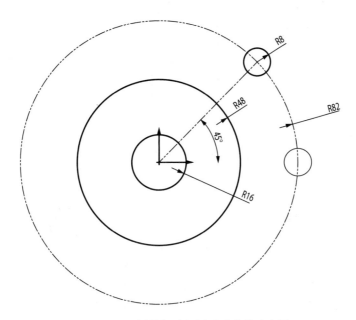

图 2 - 137　绘制同心圆、圆弧及直线示意图

（2）绘制与在 X 轴上的 R8 圆同心的 R20 圆，且 R20 圆与 R48 圆倒 R12 的圆角（见图 2 - 138）。

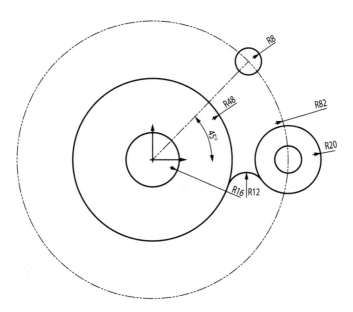

图 2 - 138　在下侧圆心绘制 R20 圆、倒圆角示意图

（3）绘制中间部分轮廓，在 Y 轴上绘制两 R16 圆，约束下侧 R16 圆的圆心到原点距离为 100 mm，两 R16 圆的圆心间距离为 50（见图 2 - 139）。

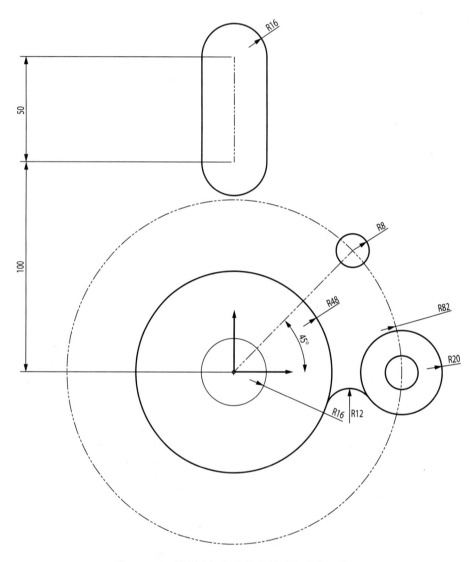

图 2 - 139　绘制中间部分轮廓并进行约束示意图

（4）在上侧 R16 圆的圆心绘制 R30 圆及其切线，倒左侧 R40 圆角（见图 2 - 140）。

（5）将参考线 R82 圆弧进行对称偏置 8 mm、20 mm，修剪多余线条，倒右侧 R35 的圆角（见图 2 - 141）。

（6）绘制上半部分左侧轮廓，再使用〖镜像〗命令。

（7）倒 R8 圆角，约束两圆弧距离为 30 mm，圆弧半径为 30 mm，圆弧圆心到原点距离为 200 mm，倒两侧 R6 的圆角（见图 2 - 142）。

（8）修剪多余线条，检查约束是否完全。

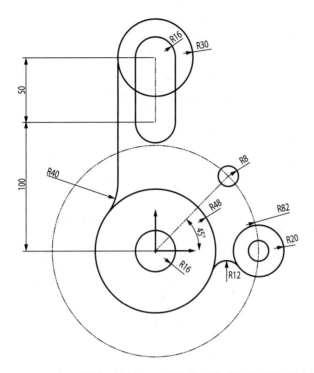

图 2-140　在上侧圆心绘制 R30 圆及其切线,倒左侧圆角示意图

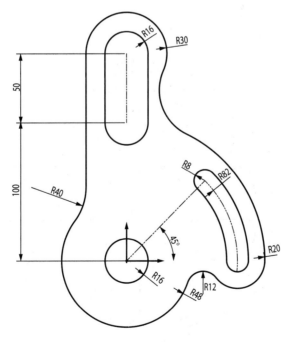

图 2-141　将参考线圆弧进行对称偏置 8 mm、20 mm,倒右侧 R35 的圆角示意图

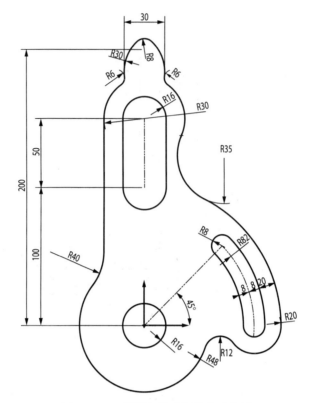

图 2-142　倒圆角并进行约束示意图

技巧 15 对〖镜像〗、〖阵列〗命令的综合应用

【例 2-17】 绘制如图 2-143 所示的草图。

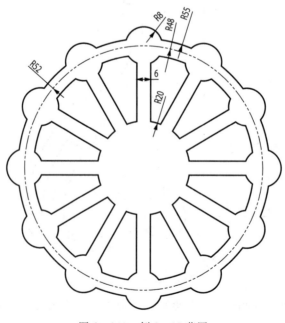

图 2-143　例 2-17 草图

分析

此例需要结合使用〖镜像〗、〖阵列〗命令。

解　具体操作步骤如下。

(1)绘制 R20、R48、R52、R55 的同心圆,并将 R52 的圆转化为参考线(见图 2 - 144)。

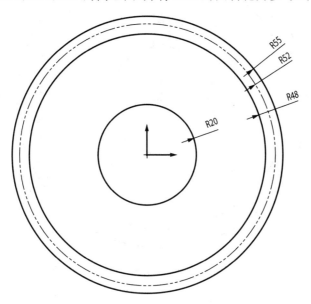

图 2 - 144　绘制同心圆示意图

(2)抓取参考线上任意一点绘制 R8 的圆,约束圆心落在 Y 轴上(见图 2 - 145)。

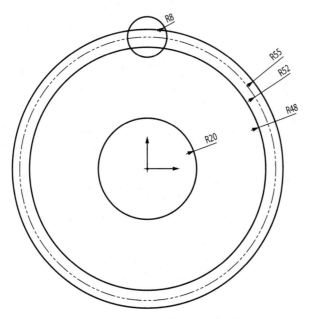

图 2 - 145　绘制 R8 圆并进行约束示意图

（3）绘制左侧直线,使用〖镜像〗命令,修剪掉多余线条,约束两直线距离为 6 mm(见图 2 -146)。

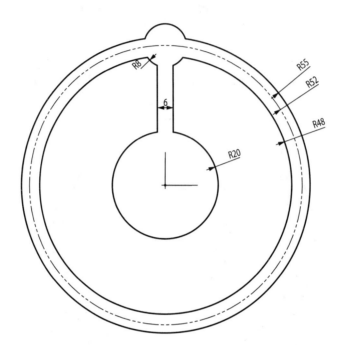

图 2 - 146　绘制左侧直线,使用〖镜像〗命令示意图

（4）使用〖阵列〗命令(见图 2 - 147)。

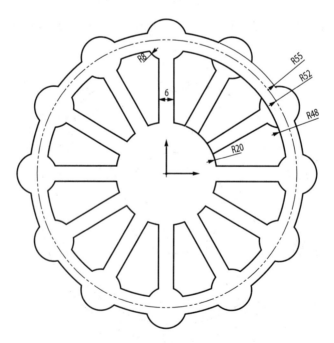

图 2 - 147　使用〖阵列〗命令示意图

(5)修剪多余线条,检查约束是否完全。

技巧 16　存在多处相切约束的圆形的绘制

【例 2-18】　绘制如图 2-148 所示的草图。

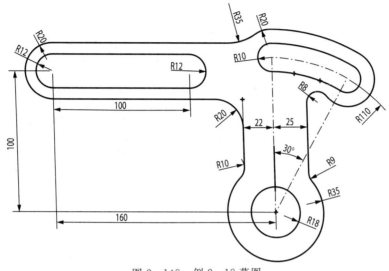

图 2-148　例 2-18 草图

分析

此例外形简单,但相切部分较多,不能使用直接绘制轮廓的方法。

解　具体操作步骤如下。

(1)绘制圆心在原点的 R18、R35 的同心圆和 R210 的外圆,从原点分别引出与 Y 轴重合和与 Y 轴夹角为 30°的直线,端点落在外圆上。修剪外圆多余部分,并将两直线和圆弧转为参考线(见图 2-149)。

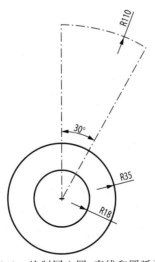

图 2-149　绘制同心圆、直线和圆弧示意图

(2)在直线与圆弧的交点处绘制 R10、R20 的同心圆,将参考线对称偏置 10 mm,向上偏置 20 mm,约束圆弧与圆相切(见图 2-150)。

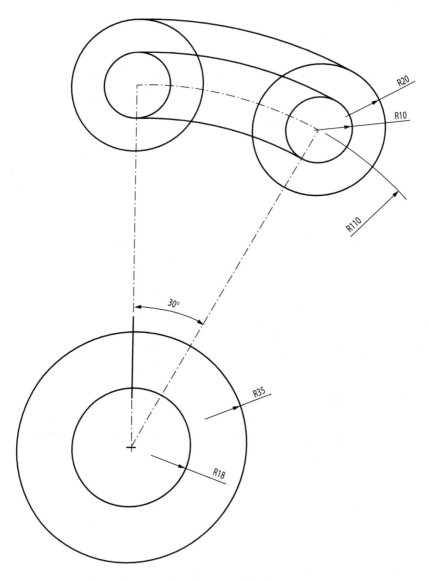

图 2-150 绘制同心圆,将参考线对称偏置示意图

(3)绘制右侧直线,约束它到 Y 轴距离为 25 mm,倒 R8、R9 的两个圆角,修剪多余线条(见图 2-151)。

(4)画出左侧轮廓,约束左侧直线到 Y 轴距离为 22 mm,圆心到原点横向距离为 160 mm,纵向距离为 100 mm。绘制内轮廓,约束左侧两圆弧同心,两小圆圆心距离为 100 mm。倒下侧 R10、R20 的圆角和倒上侧 R35 的圆角(见图 2-152)。

(5)修剪多余线条,检查约束是否完全。

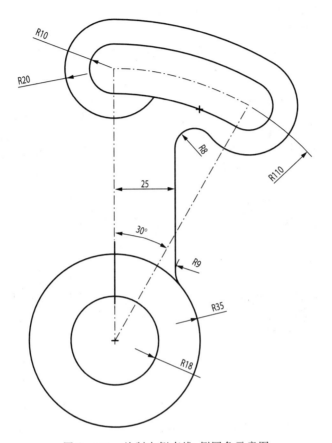

图 2-151　绘制右侧直线,倒圆角示意图

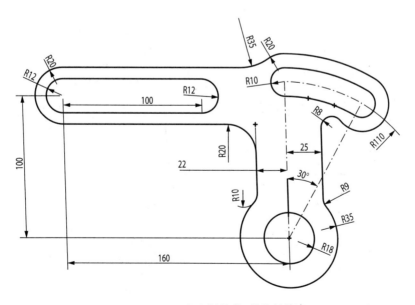

图 2-152　画出左侧轮廓,并进行约束

【例 2 - 19】 绘制如图 2 - 153 所示的草图。

解 具体操作步骤如下。

（1）绘制 R30、R60 的同心圆，在大概位置把所有圆画出来，约束等半径圆，并进行尺寸标注（见图 2 - 154）。

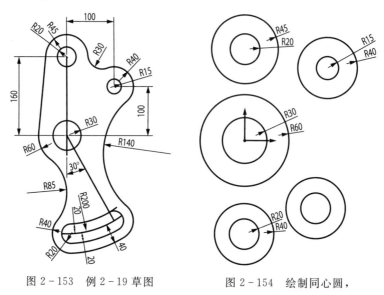

图 2 - 153 例 2 - 19 草图

图 2 - 154 绘制同心圆，
在大概位置画出所有圆示意图

（2）约束上侧圆的圆心落在 Y 轴上，且到原点纵向距离为 160 mm，到右侧圆的圆心横向距离为 100 mm，右侧圆的圆心到 X 轴距离为 100 mm（见图 2 - 155）。

（3）在上侧 R45 圆和右侧 R40 圆间倒 R30 圆角，绘制 R45 圆左侧切线，修剪多余线条（见图 2 - 156）。

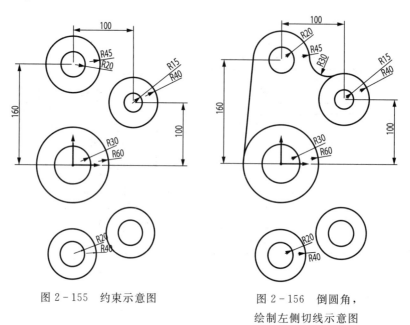

图 2 - 155 约束示意图

图 2 - 156 倒圆角，
绘制左侧切线示意图

(4)绘制 R200 的外圆,从原点引出与 Y 轴夹角为 30°的直线,端点落在外圆上,并将直线与圆弧转为参考线(图 2－157)。

(5)将下方两圆圆心约束在圆弧上,并分别约束在 Y 轴和直线上。将圆弧对称偏置20 mm,再向外偏置 40 mm,约束偏置线与圆相切。倒左侧 R85、右侧 R140 的圆角(见图 2－158)。

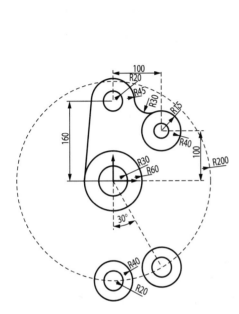

图 2－157 绘制直线和圆弧示意图

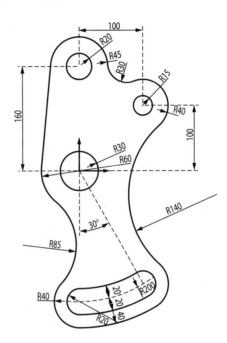

图 2－158 绘制同心圆,对称偏置和倒圆角示意图

(6)修剪多余线条,检查约束是否完全。

技巧 17 尺寸标注问题图形的检查与绘制

【例 2－20】 绘制如图 2－159 所示的草图。

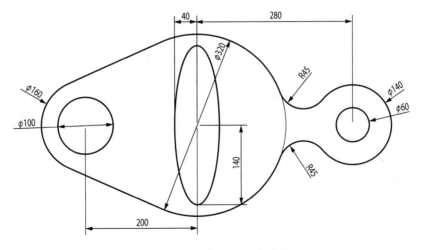

图 2－159 例 2－20 草图

分析

此例尺寸标注复杂,需要区分尺寸标注是否会有过约束。

解 具体操作步骤如下。

(1)绘制 φ100、φ160 的同心圆和 φ320 的圆,约束两圆的圆心距离为 200 mm(见图 2-160)。

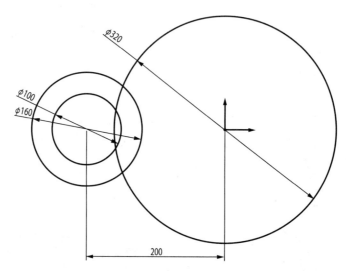

图 2-160 绘制 φ100、φ160 的同心圆和 φ320 的圆示意图

(2)绘制上下两侧切线,修剪多余线条(见图 2-161)。

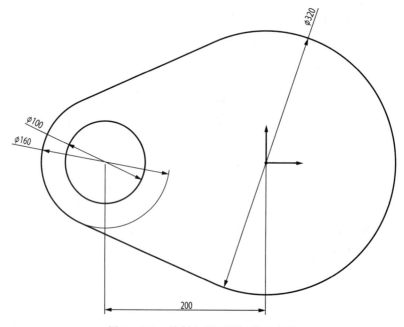

图 2-161 绘制上下两侧切线示意图

（3）在中间圆心处绘制长半径为 140 mm、短半径为 40 mm 的椭圆（见图 2-162）。

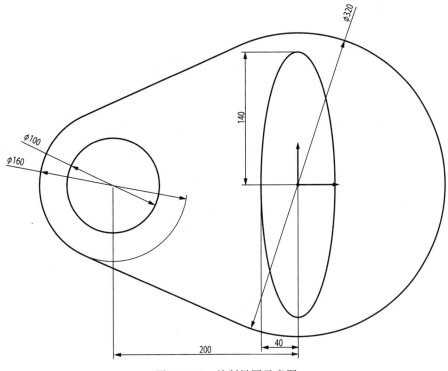

图 2-162　绘制椭圆示意图

（4）在 X 轴上绘制 $\phi 60$、$\phi 140$ 的同心圆，约束该圆的圆心到中间圆的圆心距离为 280 mm（见图 2-163）。

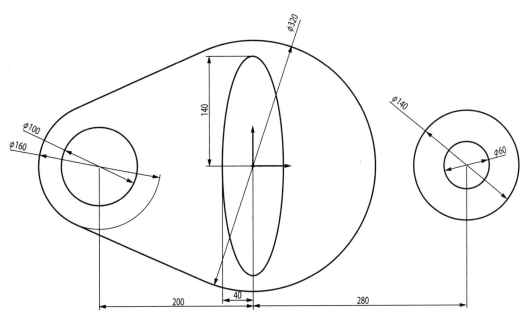

图 2-163　绘制 $\phi 60$、$\phi 140$ 的同心圆示意图

(5)在 φ320 圆和 φ140 圆间倒上下两侧 R45 的圆角(见图 2 - 164)。

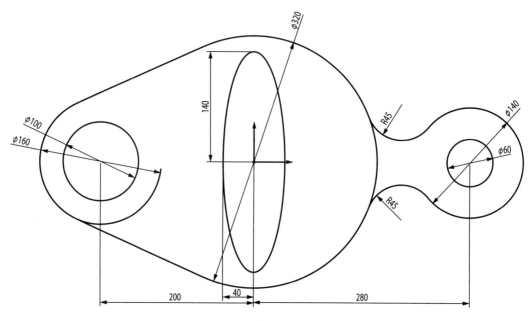

图 2 - 164 倒圆角示意图

(6)修剪多余线条,检查约束是否完全。

第3章　三维建模及实例

3.1　三维建模模块介绍

实体特征是建模最基础也是最重要的一部分,实体特征创建主要包括基准特征、设计特征、扫描特征等部分。对于三维模型的创建,通常有以下两种方法:一是利用〖草图〗工具绘制曲线的外部轮廓,然后通过拉伸等操作实现三维实体的生成;二是直接利用〖设计特征〗工具创建三维实体。

三维建模是 UG NX 10.0 软件的重要功能之一,本章将重点介绍创建三维实体的操作方法,通过学习软件提供的各种命令,掌握创建实体的方法与操作。

3.2　三维建模基本命令

3.2.1　点的创建

激活〖点〗命令方式:〖插入〗→〖基准(点)〗→〖点〗。

完成激活操作即可弹出〖点〗对话框(见图 3-1)。

〖点〗对话框中〖类型〗区域是用来指定点创建方法的,可从下拉列表中单击选择使用。可以用下拉列表中不同方法创建点。

(1)〖自动判断的点〗:根据实际选择的位置不同,自动判断出以光标位置、现有点、端点、控制点或者中心点位置进行定点。自动判断可以随意点击,也可以通过坐标位置进行确定该点位置。

(2)〖光标位置〗:由光标位置指定一个点位置,位置位于工作坐标系的平面内。光标位置不能确定坐标具体位置。

(3)〖现有点〗:抓取现有的点。

图 3-1　〖点〗对话框

（4）〖端点〗：在已存在的直线、曲线等的端点位置确定一个点的位置。图 3-2 为选择圆弧的一个端点示意图。

（5）〖控制点〗：可以利用控制点捕捉一条直（曲）线的端点、中点和尾点。

（6）〖交点〗：在已存在的两条曲线或已存曲线与另一个已存在平面或表面的交点位置指定一个点的位置。图 3-3 为选择两直线的交点示意图。

图 3-2　选择圆弧的
一个端点示意图

图 3-3　选择两直线的
交点示意图

（7）〖圆弧中心/椭圆中心/球心〗：在已存在的圆弧、圆、椭圆等的中心位置指定一个点位置。

（8）〖圆弧/椭圆上的角度〗：沿已存在的圆弧或椭圆上指定圆心角位置指定一个点位置。

（9）〖象限点〗：在已存在的圆弧或椭圆的象限点位置指定一个点位置。

（10）〖点在曲线/边上〗：在已存在的曲线或实体边的指定位置建立一个点。

使用时，选择曲线后，需要在〖曲线上的位置〗文本框中输入参数。选择〖弧长〗后，输入的参数代表从起点到所确定点的圆弧的长度，而选择〖弧长比〗后，输入的参数代表从起点到所确定点的圆弧的长度占总圆弧长度的百分比。

（11）〖点在面上〗：在已存在的曲面或实体边的指定位置建立一个点。图 3-4 为在正方体上指定一个点的位置示意图。

（12）〖两点之间〗：选择后，〖点〗对话框中新增〖点〗区域和〖点之间的位置〗区域。其中，在〖点之间的位置〗区域下的〖％位置〗文本框中输入数值后，将新的位置指定为两点之间距离的百分比，从第一个点开始测量。

（13）〖样条极点〗：样条曲线的定义点。

（14）〖按表达式〗：通过设置表达式确定点的位置（见图 3-5）。

图 3-4　在正方体上指定
一个点的位置示意图

图 3-5　类型选择〖按表达式〗

点击〖创建表达式〗后方的按钮,在弹出的对话框中输入〖名称〗、〖公式〗(见图 3-6),即可确定点的位置。图 3-7 为点 1 的位置示意图,其正好为边长为 20 mm 正方体的一个顶点。

图 3-6 〖表达式〗对话框 图 3-7 点 1 的位置示意图

本小节对点的创建进行了简单的介绍,对于点的具体应用,将会在以后详细介绍。而在前期的学习中,无论是点也好,还是下一节参考平面的内容,学习的目的都是方便建模。

3.2.2 基准平面的创建

基准平面就是在基准零位的一个平面。其主要作用为作为辅助工具在几何体上建立形状特征,或者作为实体的修剪面等。

激活〖基准平面〗命令方式:〖插入〗→〖基准(点)〗→〖基准平面〗。

完成激活操作即可弹出〖基准平面〗对话框。基准平面单独存在没有任何意义,其主要起到辅助建模和辅助加工的作用。

〖基准平面〗对话框中〖类型〗的下拉列表包括的选项如图 3-8 所示。

(1)〖自动判断〗:根据所选对象确定要使用的最佳平面类型。

(2)〖按某一距离〗:创建与一个平面或其他基准平面平行且相距指定距离的基准平面。如图 3-9 所示,在选择顶面后,输入数值 5mm,即可创建一个与顶面距离为 5 mm 的平面。

图 3-8 〖基准平面〗对话框中〖类型〗的 图 3-9 输入
下拉列表示意图 距离 5 mm 示意图

（3）〖成一角度〗：使用指定角度创造平面。

（4）〖二等分〗：使用平分角在所选两平面或基准平面的中间位置创建平面。（不仅可用于两个平行面，也可以用于两个交叉面）

（5）〖曲线和点〗：使用一个点与另一个点、一条直线、线性边缘、基准轴或面创建平面。（面与曲线垂直，且点在该面上）

（6）〖两直线〗：使用两条现有的直线，或者直线、线性边缘、面轴或基准轴的组合创建平面。

（7）〖相切〗：创建与一个非平面的曲面以及另一个选定对象相切的基准平面。例如，以两个圆柱体为选择对象，创建一个相切平面。在选择两个圆柱后，创建出一个相切平面。根据数学知识，满足条件的相切平面共有四个，其中典型的两种满足条件的相切平面示意图如图 3-10 和图 3-11 所示。可以通过点击〖备选解〗选项，获得其他可能相切的情况（见图 3-12）。

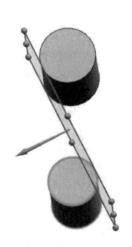

图 3-10　相切平面 1 示意图　　　　图 3-11　相切平面 2 示意图

图 3-12　〖备选解〗选项示意图

（8）〖通过对象〗：基于选定对象的平面创建基准平面。

（9）〖点和方向〗：从一点沿指定方向创建平面。

(10)〖曲线上〗:创建与曲线或边上的一点相切、垂直或双向垂直的平面。

(11)〖YC-ZC 平面〗:沿工作坐标系或绝对坐标系的 YZ-ZC 轴创建固定基准平面。〖XC-ZC 平面〗和〖XC-YC 平面〗同理。

(12)〖视图平面〗:按视图平面创建固定基础平面,在五轴加工(数据机床加工的一种模式)中用得特别多。

(13)〖按系数〗:通过方程来创建基准平面,该方程使用四个系数:a、b、c 及 d。在系数($aX+bY+cZ=d$)组中,点击选择工作坐标系或绝对坐标系。在 a、b、c 和 d 框中为方程键入系数值后,会显示基准平面的预览,并根据变化的系数值进行更新。

通过实际操作可以发现,对于每一个选项,在创建平面时的操作基本相同。在学习过程中,只需对基准平面基本了解即可,没有必要过分追究每个命令。

3.2.3 基准轴和基准 CSYS 的创建

1. 基准轴

基准轴主要作用于作为建立回转特征的旋转轴线,作为建立拉伸特征的拉伸方向等。可以创建相对的和固定的两种类型的基准轴。

激活〖基准轴〗命令方式:〖插入〗→〖基准点〗→〖基准轴〗。

完成激活操作即可弹出〖基准轴〗对话框。

〖基准轴〗对话框中〖类型〗的下拉列表包括的选项如图 3-13 所示。

(1)〖自动判断〗:根据所选的对象确定要使用的最佳基准轴类型。

(2)〖交点〗:在两个平的面、基准平面或平面的交点处建立基准轴。(两个不相互交叉的平面也可以建立基准轴,基准轴在建模加工中起到判定方向的作用)

(3)〖曲线/面轴〗:沿线性曲面或线性边,圆柱面、圆柱锥面或圆环的轴创建基准轴。这里曲线只可以选择直线,面轴只可选择圆柱面,不可选择平面。

(4)〖曲线上矢量〗:创建与曲线或边上的某点相切、垂直或双向垂直,或者与另一对象垂直或平行的基准轴。图 3-14 为以圆为参考创建的一条基准轴示意图。

图 3-13 〖基准轴〗对话框中
〖类型〗的下拉列表示意图

图 3-14 以圆为参考创建的
一条基准轴示意图

(5)〖XC 轴〗:沿工作坐标系的 XC 轴创建固定基准轴。〖YC 轴〗和〖ZC 轴〗同理。

(6)〖点和方向〗:从一点沿指定方向创建基准轴。

(7)〖两点〗:定义两个点,经过这两个点创建基准轴。

2. 基准 CSYS

基准 CSYS 为建模软件中最中间的坐标系即起到定位的作用。基准轴的创建操作与之前所学的点、面的创建方法较为相似,根据需要选择合适的限定条件创建即可。

如果软件中没有基准 CSYS,可能是被隐藏了,此时从部件导航器里可以看到灰色字体的〖基准坐标系〗(见图 3-15),通过单击鼠标右键,选择〖显示〗即可找回。

若需要每次打开软件时基准 CSYS 一直存在,则可以按照以下方式更改设置:找到软件安装位置,按〖siemens〗→〖NX10.0〗→〖LOCALIZATION〗→〖prc〗→〖simpl_chinese〗→〖startup〗→〖model-plain_1_mm_template. prt 模板〗修改默认设置。

很多时候,当前的基准 CSYS 并不符合建模要求,这就需要重新设定新的基准轴。以一个正方体为例,初始基准 CSYS 位置示意图如图 3-16 所示。

图 3-15 找回被隐藏的基准 CSYS

图 3-16 初始基准
CSYS 位置示意图

为了后续操作的方便,我们可以激活〖基准 CSYS〗命令来改变基准 CSYS 位置。〖基准 CSYS〗对话框中〖类型〗的下拉列表包括的选项如图 3-17 所示。

图 3-17 〖基准 CSYS〗对话框中〖类型〗的下拉列表示意图

(1)〖动态〗:在〖动态〗下拉列表中选择合适条件,在〖参考〗下拉列表中选择〖WCS〗、〖绝对〗或〖选点的 CSYS〗选项进行相应操作。

(2)〖自动判断〗:该方法根据选择的几何对象的不同,自动地推断出一种方法。

(3)〖原点,X 点,Y 点〗:通过依次选择或定义三点作为坐标系的原点、X 轴、Y 轴来定义一个坐标系。

(4)〖X 轴,Y 轴,原点〗:通过选择两条相交直线和设定一个点定义一个坐标系。〖Z 轴,X 轴,原点〗、〖Z 轴,Y 轴,原点〗、〖平面,X 轴,点〗同理。

(5)〖三平面〗:根据选择或定义 3 个平面来定义坐标系。

(6)〖绝对 CSYS〗:使用与绝对坐标系完全相同的原点和方位定义一个坐标系。

(7)〖当前视图的 CSYS〗:以当前视图方位定义一个坐标系。

(8)〖偏置 CSYS〗:通过对指定的坐标系设置偏置量来定义一个坐标系。

需要注意的是,在创建草图之前就应该创建 CSYS。

3.2.4　拉伸的创建

拉伸是指给绘制的轮廓线添加一个高度,从而生成一个有厚度的三维实体或曲面。

激活〖拉伸〗命令方式:〖插入〗→〖设计特征〗→〖拉伸〗(快捷键为〖X〗)。

工具栏中也有〖拉伸〗命令,但对于新手来说,不建议用工具栏的〖拉伸〗命令,以便熟悉对 UG 的操作命令。

使用〖拉伸〗命令有两种情况:

(1)已经有草图的可直接使用〖拉伸〗命令(见图 3-18),选择已存在的圆即可将其拉伸为圆柱体;

(2)无草图的可使用〖拉伸〗命令中的〖绘制截面〗(见图 3-19),绘制需要的草图后再使用〖拉伸〗命令(此时草图不会被保留)。

图 3-18　将圆拉伸
为圆柱体示意图

图 3-19　选择〖绘制截面〗示意图

创建模型后,拉伸所使用的草图是不可以删除的(存在一种先后关系),从部件导航器中可以看到(见图 3-20)。

如果要删除草图,那么就会弹出通知,且删除草图后,拉伸的模型也会随之消失(见图 3-21)。

图 3-20　单击草图示意图

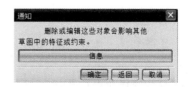

图 3-21　删除通知示意图

可以在部件导航器中,找到〖拉伸〗,单击鼠标右键在下拉列表中选择〖将草图设为内部〗,从而实现和已存在草图再拉伸相同的效果(见图3-22)。

需要注意的是,在草图进行标注后,使用〖拉伸命令〗时,想要修改草图尺寸依然可以在〖拉伸〗命令中进行方便修改。

〖拉伸〗对话框中〖方向〗选项下〖指定矢量〗的下拉列表示意图如图3-23所示。

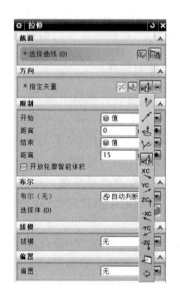

图3-22 选择将〖草图设为内部〗   图3-23 〖拉伸〗对话框中〖方向〗选项下
〖指定矢量〗的下拉列表示意图

接下来以正方体为参照,拉伸一条直线来简单介绍拉伸方向的使用。正方体、直线示意图如图3-24所示。

(1)〖自动判断的矢量〗:自动选择一条已存在最佳矢量进行拉伸。在选中需要拉伸的直线后,选择正方体的一条边作为拉伸方向(见图3-25)。

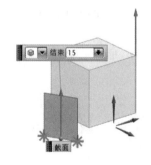

图3-24 正方体、直线示意图   图3-25 选择正方体的一条边
作为拉伸方向示意图

(2)〖两点〗:选择两点构成的矢量作为拉伸所沿方向。例如,可以选择正方体的两个顶点构成矢量。

(3)〖曲线/轴矢量〗:选择已存在轴线或垂直已存在曲线平面的矢量进行拉伸。

(4)〖面/平面法向〗:选择已存在平面,沿着该平面法向进行拉伸。例如,选择正方体的顶面,以其法向作为拉伸方向(见图3-26)。

(5)〖曲线上矢量〗:选择已存在曲线,沿着该曲线的切线进行拉伸。

(6)〖XC轴〗:沿着 XC 轴进行拉伸。〖YC轴〗、〖ZC轴〗、〖-XC轴〗、〖-YC轴〗、〖-ZC轴〗同理。

(7)〖视图方向〗:以当前视图方向进行拉伸。

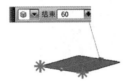

图 3-26 选择顶面的
法向作为拉伸方向示意图

上述的拉伸方向所需操作大致相同,在此就不过多介绍。

需要注意的是,在拉伸过程中,选择合适的方向尤为重要,不合适的方向会导致拉伸失败。例如,拉伸一条直线时,拉伸方向选择与其垂直的两个正/反方向,则可以成功操作(见图3-27和图3-28)。但如果选择以这条直线的方向就无法拉伸,会弹出如图3-29所示的警报。出现该警报的原因一般为错误操作,其他操作中遇到该提示栏即为这个意思,而不是软件有问题。

图 3-27 正向示意图　　　图 3-28 反向示意图

此外,封闭的曲线(以圆为例)不能向其所在平面的任何方向拉伸,只能在与其垂直的方向拉伸。

对于斜方向的拉伸是不可直接实现的,但通过基准平面可以实现斜方向的拉伸。如图3-30所示,可以先创建一个斜面,通过选定该平面垂直矢量,实现斜向拉伸。

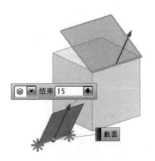

图 3-29 警报示意图　　　图 3-30 选定创建平面
垂直矢量斜向拉伸示意图

3.2.5 拉伸高度和布尔运算的创建

1. 拉伸高度

以圆柱体建模为例简单介绍〖限制〗对话框内各
选项。

图3-31 〖测量距离〗对话框

(1)〖值〗:设置拉伸起始位置和结束位置的距离值。
其中,距离值的输入可采用多种方法,常用的方式为直
接输入和使用〖测量距离〗命令。点击〖测量距离〗命
令弹出如图3-31所示的对话框。

例如,以一个边长为20 mm的正方体为参考,拉伸
一个圆。可通过选取正方体的两点确定输入的值(见图
3-32和图3-33),此时输入的值即为两点之间的距
离。确定后即可拉伸一个与该正方体等高的圆柱体。由于圆柱体的高是由正方体的高决定
的,因此更改正方体高的值,圆柱的高也会随之变化。

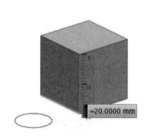

图3-32 选择两点测量距离示意图

图3-33 输入距离值示意图

(2)〖对称值〗:表示根据输入的值进行对称拉伸,即从截面按拉伸方向前后拉伸相同的
距离,对称拉伸示意图如图3-34所示。

(3)〖直至下一个〗:将拉伸特征沿方向路径延伸到下一个体。如图3-35所示,正方体
上方存在一个草图圆,先对其拉伸。

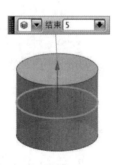

图3-34 对称拉伸示意图

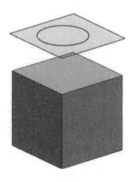

图3-35 选择草图圆

可以在〖拉伸〗对话框中〖开始〗的下拉列表中选择〖直至下一个〗,则拉伸时圆柱的底面会与正方体顶面重合(见图 3 - 36)。

(4)〖直至选定〗:将拉伸特征延伸到选择的面、基准平面或体。

(5)〖直至延伸部分〗:当截面延伸超过所选择面上的边时,将拉伸特征(如果是体)修剪到该面。

〖直至选定〗和〖直至延伸部分〗与〖直至下一个〗类似,在进行拉伸操作时,选择已存在的面,即可使拉伸体延伸至该面上。

(6)〖贯通〗:沿指定方向的路径,延伸拉伸特征,使其完全贯通所有的可选体。

以一个长方体钻孔为例,〖开始〗栏中选择〖贯通〗,即可将圆柱贯穿立方体。如图 3 - 37所示,拉伸体的起始位置为长方体的底面,正好贯通。

拉伸后想要修改值,则有以下三种方法:第一种是直接点击实体进入〖拉伸〗对话框,更改新的数值;第二种是选中实体,单击鼠标右键,选择〖可回滚编辑〗(见图 3 - 38);第三种是在部件导航器点击〖拉伸〗命令进入。

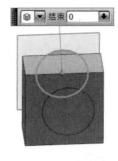

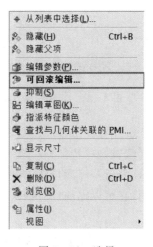

图 3 - 36　选择
〖直至下一个〗拉伸示意图

图 3 - 37　选择
〖贯通〗拉伸示意图

图 3 - 38　选择
〖可回滚编辑〗示意图

2. 布尔运算

布尔运算是数字逻辑化的逻辑推演法,包括求和、求差、相交等。

〖布尔〗:用于选择合适的布尔运算方法。〖布尔(求和)〗的下拉列表包括的选项如图 3 -39 所示。

(1)〖无〗:不做布尔运算的要求。

(2)〖求和〗:将拉伸所得物体与已存在物体求和。

(3)〖求差〗:将拉伸所得物体与已存在物体求差。

(4)〖求交〗:保留拉伸所得物体与已存在物体共有部分。

(5)〖自动判断〗:根据所选的对象确定要使用的最佳运算方式。

如图 3 - 40 所示,由两条直线拉伸后得到的片体无法与图中立体进行布尔运算(求和/求差/求交),原因是拉伸所得为片体,片体与实体的区别就是实体有密度和质量,而片体没有。

图 3-39　〖布尔〗的
下拉列表示意图

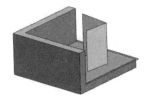

图 3-40　片体无法与实体
进行布尔运算示意图

通过勾选〖开放轮廓智能体积〗(见图 3-41)后,可以实现布尔运算(见图 3-42)。

图 3-41　勾选轮廓智能体积示意图

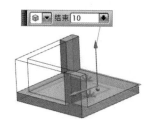

图 3-42　布尔运算示意图

由于实体存在密度和质量,因此可以通过给实体赋予密度后测量其质量。具体操作步骤:点击〖编辑〗→〖特征〗→〖实体密度〗,然后选择〖体〗,指派选中的实体密度(见图 3-43);通过点击〖分析〗→〖测量体〗,并选中该实体,可以获得其多个物理量(见图 3-44)。该功能非常实用,它可以提前计算加工成本。

图 3-43　指派选中的
实体密度示意图

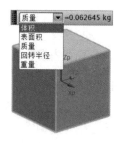

图 3-44　获得
多个物理量示意图

3.2.6　拉伸拔模、偏置和选择过滤器的创建

1. 拉伸拔模

以图 3-45 为例,拉伸两个相同的长方形,得到两个长方体。
在〖拔模〗中有两个选项:〖从起始限制〗和〖从截面〗。

(1)〖从起始限制〗:从长方体底面开始向上拔模。

(2)〖从截面〗:从轮廓线所在平面开始拔模。

分别对已存在的两个长方体使用〖从起始限制〗和〖从截面〗命令得到图 3-46 所示图形。

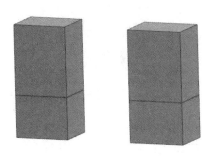

(a)从起始限制 (b)从截面

图 3-45 长方体示意图   图 3-46 使用〖拔模〗命令示意图

从图 3-46 可以发现:在这两个命令下,拔模的角度虽然相同,但由于起始平面的不同,拔模的效果也就不同。

选择〖从截面〗时还可以分别设置四个面不同的拔模角度。在〖角度选项〗中选择〖多个〗,可在下拉列表中分别对四个面输入不同的拔模角度(见图 3-47)。

此外,当开始值/结束值有一正一负的时候,可进行〖从截面〗→〖不对称角/对称角〗进行拔模。〖不对称角〗:可从轮廓线开始,分别向上下两侧拔两个不同角度,显然〖对称角〗可拔出相同的角度。图 3-48 为〖对称角〗下的拔模示意图。

图 3-47 选择拔模角度示意图   图 3-48 〖对称角〗下的
拔模示意图

2. 偏置

以拉伸后的直径为 120 mm 的圆柱体为例,若想改变圆柱的直径,可通过〖偏置〗命令实现。

如图 3-49 所示,〖偏置〗的下拉列表包括的选项有〖单侧〗、〖两侧〗和〖对称〗。

(1)〖单侧〗:可使圆柱体向外侧(内侧)扩大(缩小)所输入数值。

例如,想要上述圆柱体的直径由 120 mm 变为 140 mm,则可选择〖单侧〗偏置,输入数值 10 即可。

图 3-49 偏置类型

图 3-50 单侧偏置示意图

(2)〖两侧〗:可通过在〖开始〗和〖结束〗栏输入数值进行两侧偏置。

仍以直径为 120 mm 的圆柱为例,通过输入如图 3-51 所示的数值,可得一个内直径为 100 mm、外直径为 140 mm 的圆筒(见图 3-52)。

图 3-51 选择开始结束位置示意图

图 3-52 两侧偏置示意图

(3)〖对称〗:从轮廓线分别向内外偏置相同距离。

如上例想要获得内直径为 100 mm、外直径为 140 mm 的圆筒,还可以使用〖对称〗偏置,只需输入 10 即可。

一般来说,拉伸一个圆形草图时,得到的是圆柱体,但也可通过〖设置〗选择〖片体〗(见图 3-53),从而得到片体(见图 3-54)。

图 3-53 体类型选择片体示意图

图 3-54 片体示意图

3. 选择过滤器

当激活〖拉伸〗命令时,会在状态栏显示〖选择过滤器〗。〖选择过滤器〗的下拉列表示意图如图 3-55 所示。

当草图中存在多条曲线时,若〖选择过滤器〗选择〖特征曲线〗,则相同的草图下所有的曲线都会被选中,如图 3-56 中两条曲线都会被选中。

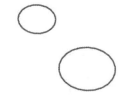

图 3-55 〖选择过滤器〗
的下拉列表示意图

图 3-56 选择〖特征曲线〗示意图

通过〖选择过滤器〗将〖自动判断曲线〗改为〖单条曲线〗,即可选择想要拉伸的曲线。

下面以拉伸一个五角星为例,介绍如何拉伸自相交的草图。

如图 3-57 所示,草图为一个五角星。

若〖选择过滤器〗选择〖单条曲线〗,则在拉伸过程中系统会提示如图 3-58 所示的警报图。

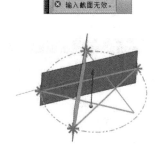

图 3-57 五角星草图示意图

图 3-58 警报图示意图

若〖选择过滤器〗选择〖相连曲线〗,且使用〖在相交处停止〗命令(见图 3-59),则会在相交处自动停止(见图 3-60)。依次选择外围曲线,即可成功拉伸一个五角星(见图 3-61)。

图 3-59 〖在相交处停止〗命令示意图

图 3-60 选择〖相连曲线〗示意图

图 3-61 拉伸后示意图

当然,也可通过在〖选择过滤器〗选择〖相连曲线〗、〖区域边界曲线〗进行拉伸。在操作中,选择适当的〖选择过滤器〗,将会简化拉伸过程。

3.2.7 旋转的创建

激活〖旋转〗命令方式:〖插入〗→〖设计特征〗→〖旋转〗。

完成激活操作即可弹出〖旋转〗对话框。

通过工具栏里的显示可以看出,拉伸有快捷键〖X〗,旋转没有快捷键,可以通过如下操作设置旋转的快捷键(该方法同样适用于其他命令快捷键的设置)。

不论是建模还是草图界面,定制快捷键都是通过:〖工具〗→〖定制〗(或者 Ctrl+L)→〖命令〗→〖定

图 3-62 〖旋转〗对话框

制键盘〗→〖插入〗→〖设计特征〗→〖旋转〗,并在右边的命令里操作输入 R(仅应用模块)(见图3-63)。

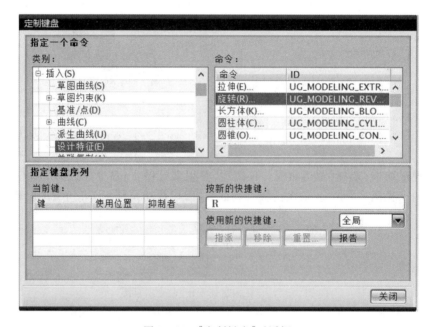

图 3-63 〖定制键盘〗对话框

通过以下例子简单介绍旋转的操作。可在 XZ 平面绘制一条线,选择绕 Z 轴旋转 0~360°,即可形成一个柱面(见图 3-64)。

其中,轴的〖指定矢量〗与〖拉伸〗一节中命令相同,故不在此赘述。

如果想要加厚柱面,可以使用〖偏置〗功能。需要注意的是,偏置是往柱面内侧加厚。偏置后示意图如图 3-65 所示。还需要注意的是,在绘制草图时,一般选择当前视图平面进行

外轮廓线的绘制,这样符合机械制图的原理。

图 3 - 64　柱面示意图　　　　　图 3 - 65　偏置后示意图

3.2.8　简单实体的创建

点击〖插入〗→〖设计特征〗,可以选择创建不同的简单实体。

1. 长方体

点击〖长方体〗后,会弹出〖块〗对话框(见图 3 - 66)。

(1)〖类型〗的下拉列表包括的选项有〖原点和边长〗、〖两点和高度〗和〖两个对角点〗。

①〖原点和边长〗:使用一个拐角点、三边长、长度、宽度和高度来建立块。

②〖两点和高度〗:使用高度和块基座的两个 2D 对角拐点来创建块。

③〖两个对角点〗:使用相对拐角的两个 3D 对角拐点来创建块。

本书以〖原点和边长〗为例,讲述如何通过长度、宽度、高度建立一个长方体。具体操作步骤:先在〖类型〗中选择〖原点和边长〗(见图 3 - 67),再选取任一指定点(本例为坐标原点,也可通过〖点〗对话框输入数值确定);通过分别对长度、宽度、高度栏输入数值,确定块的长度、宽度、高度(其中正数代表沿轴的正方向);确定后即可创建一个块。

图 3 - 66　〖块〗对话框　　　　　图 3 - 67　〖类型〗选择〖原点和边长〗

创建完成后,可通过〖信息〗→〖点〗查看该原点是否为刚才输入的坐标(见图 3 - 68)。

図 3-68 查看信息示意图

（2）〖布尔〗：与前面所介绍的内容相同，在此不再赘述。

2. 圆柱体

点击〖圆柱体〗后，会弹出〖圆柱〗对话框。

〖圆柱〗对话框中〖类型〗的下拉列表包括的选项有〖轴、直径和高度〗（见图 3-69）和〖圆弧和高度〗（见图 3-70）。

图 3-69 选择〖轴、直径和高度〗示意图 　　图 3-70 选择〖圆弧和高度〗示意图

（1）〖轴、直径和高度〗：通过指定圆柱的方位、直径和高度构建圆柱体。如图 3-71 所示，确定圆柱的指定向量为 Z 轴，指定点为坐标原点，输入直径和高度，确定后即可创建圆柱体。

（2）〖圆弧和高度〗：通过指定一个圆弧和高度构建圆柱体。同理，指定一条事先绘制的圆弧，再输入高度，即可创建圆柱体。

3. 圆锥

点击〖圆锥〗后，会弹出〖圆锥〗对话框（见图 3-72）。

〖圆锥〗对话框中〖类型〗的下拉列表包括的选项有〖直径和高度〗、〖直径和半角〗、〖底部座直径，高度和半角〗、〖顶部直径，高度和半角〗和〖两个共轴的圆弧〗等。

图 3-71 圆柱体示意图

（1）〖直径和高度〗：使用轴的原点和方向、底面圆的直径、圆锥高度等参数创建圆锥。

（2）〖直径和半角〗：使用轴的原点和方向、底面圆的直径、圆锥半角等参数创建圆锥。其中，半角是指在圆锥轴与其侧壁之间形成并从圆锥轴顶点测量的角。

〖底部座直径,高度和半角〗、〖顶部直径,高度和半角〗选项与上述大致相同,都是根据圆锥不同的几何属性来创建圆锥,在此不再赘述。

(3)〖两个共轴的圆弧〗:通过指定底圆弧和顶圆弧创建圆锥。(这些圆弧不必平行)

4. 球

点击〖球〗后,会弹出〖球〗对话框(见图 3 - 73)。

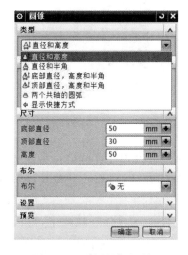

图 3 - 72　〖圆锥〗对话框

图 3 - 73　〖球〗对话框

〖球〗对话框中〖类型〗的下拉列表包括的选项有〖中心点和直径〗和〖圆弧〗等。

(1)〖中心点和直径〗:通过确定球的球心和直径创建球体。

(2)〖圆弧〗:通过指定圆弧创建球体。

总结:长方体、圆柱体、圆锥、球的创建方法大致相同,作为三维建模中的简单实体,我们需要熟悉它们的创建方法。

3.2.9　孔的调出方法

激活〖孔〗命令方式:〖插入〗→〖设计特征〗→〖孔〗。

完成激活操作即可弹出〖孔〗对话框(见图 3 - 74)。

以一个正方体为例,简单介绍〖孔〗的创建。

(1)创建一个正方体,使用〖孔〗命令。需要先在正方体上使用〖指定点〗命令来确定孔的位置(见图 3 - 75)。若事先没有创建点,可以通过〖点〗命令来创建点。

(2)选中创建的点,选择孔的〖方向〗、〖形状和尺寸〗,即可以指定点为孔心创建出孔(见图 3 - 76)。

〖常规孔〗的形状有〖简单孔〗、〖沉头孔〗、〖埋头

图 3 - 74　〖孔〗对话框

孔〗和〖锥孔〗四种。可通过改变孔的〖直径〗和〖深度限制〗来改变其尺寸。这里孔的深度指的是当前孔的有效长度,即起点位置到刀肩的距离。钻头部分称为盲区,不计算长度。〖简单孔〗就是普通的孔,〖沉头孔〗就是上面大下面小的孔,〖埋头孔〗就是上面有斜度下面是直的孔,〖锥孔〗就是带有斜度的孔。

图 3-75　确定孔的位置示意图

图 3-76　孔示意图

　　需要注意的是,在空间平面内建立孔,不指定方向就难以判断孔朝哪个方向延伸。打孔时,一般不勾选〖延伸开始〗选项(见图 3-77)。这样创建孔的时候,孔就仅从指定位置沿所设方向延伸。

　　还需要注意的是,UG NX 10.0 软件默认将低版本的〖孔〗命令隐藏了,可以通过点击〖工具〗→〖定制〗→〖命令〗→〖插入〗→〖设计特征〗→〖NX5 版本之前的孔〗(见图 3-78),并将〖NX5 版本之前的孔〗拖至〖插入〗→〖设计特征〗下拉菜单中即可。下次使用时,直接点击即可激活。

图 3-77　不勾选〖延伸开始〗示意图

图 3-78　选择〖设计特征〗中
〖NX5 版本之前的孔〗示意图

3.2.10　凸台、腔体和垫块的创建

1. 凸台

激活〖凸台〗命令方式:〖插入〗→〖设计特征〗→〖凸台〗。

完成激活操作即可弹出〖凸台〗对话框(见图 3-79)。

创建凸台时,需要依附于现有的体,否则无法建立,且凸台高度不可为负数。点击〖确定〗后即可对凸台进行定位。

图 3-79 〖凸台〗对话框

下面简单介绍凸台的创建方法:

(1)创建一个正方体。激活〖凸台〗命令,点击正方体的顶面作为凸台的依附对象。输入数值,即可创建凸台(见图 3-80 和图 3-81)。

图 3-80 选择凸台数据示意图

图 3-81 凸台示意图(定位前)

(2)在凸台创建好之后,会弹出〖定位〗对话框。一般使用〖垂直〗方式来定位凸台(见图 3-82)。

(3)使用〖垂直〗命令定位时,只需要知道凸台距其所在面的任意相邻两边的距离即可。点击凸台所在面任意一条边,输入距离后点击〖应用〗即可实现一次定位。同理,点击相邻的一条边完成第二次定位,此时凸台才算创建成功(见图 3-83)。

图 3-82 定位凸台示意图

图 3-83 凸台示意图(定位后)

2. 腔体

在现有体上创建腔体,〖腔体〗对话框如图 3-84 所示。〖腔体〗对话框中显示腔体共有三种类型:〖圆柱坐标系〗、〖矩形〗和〖常规〗。〖圆柱坐标系〗:用于定义一个圆形腔体。〖矩形〗:用于定义一个矩形腔体。〖常规〗:拥有更强大的灵活性来定义一个腔体,需要提前在平面上创建一个不规则的草图。

这三类腔体的创建方法相同,下面简要介绍创建一个圆形腔体的方法。

(1)和创建凸台相同,首先创建一个正方体。点击〖圆柱坐标系〗,选择体的顶面作为腔体所在平面,并输入参数(见图3-85)。其中,〖底面半径〗的意义为在该腔体底面倒一个输入数值大小的圆角,点击确认后创建腔体(见图3-86)。

图3-84 〖腔体〗对话框

图3-85 输入腔体参数示意图

(2)创建完后同样弹出〖定位〗对话框(见图3-87),定位的方法有很多种,选择恰当方法即可。这里,使用〖垂直〗进行演示。

图3-86 腔体示意图

图3-87 〖定位〗对话框

(3)在选择〖垂直〗后,需要指定一条边,并选择正方体上准备形成腔体的圆曲线,会弹出如图3-88所示的对话框。任意选择其中一个特征点,确定圆曲线上特征点到指定边垂直距离,即可实现一次定位(见图3-89)。

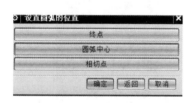

图3-88 〖设置圆弧的位置〗对话框

图3-89 第1次定位完成示意图

(4)使用相同方法确定特征点与另一条边的位置关系,完成第二次定位,即可固定腔体的位置,完成创建。

3.垫块

〖垫块〗命令的作用是在现有实体上创建垫块。具体操作方法与凸台类似,在此不再赘述。

3.2.11　键槽和槽的创建

1. 键槽

激活〖键槽〗命令方式:〖插入〗→〖设计特征〗→〖键槽〗。

完成激活操作即可弹出〖键槽〗对话框。

〖键槽〗对话框中键槽的类型有〖矩形槽〗、〖球形键槽〗、〖U 形槽〗、〖T 形键槽〗和〖燕尾槽〗,如图 3-90 所示。

(1)〖矩形槽〗:用于创建沿底边的矩形键槽。

(2)〖球形端槽〗:用于创建具有球形底面和拐角的键槽。需注意的是,槽的深度要大于球的半径,长度也要大于球的直径,否则系统会报错(见图 3-91)。

　　　图 3-90　〖键槽〗对话框　　　　　　图 3-91　不满足条件报错示意图

(3)〖U 形槽〗:用于创建一个"U"形键槽。

(4)〖T 形键槽〗:用于创建一个横截面为"T"形的键槽。

(5)〖燕尾槽〗:用于创建一个槽底比槽口宽的燕尾槽。

2. 槽

〖槽〗命令的作用是在旋转部件上创建一个槽。

激活〖槽〗命令方式:〖插入〗→〖设计特征〗→〖槽〗。

完成激活操作即可弹出〖槽〗对话框(见图 3-92)。

〖槽〗对话框中槽的类型有〖矩形〗、〖球形端槽〗和〖U 形槽〗。

(1)〖矩形〗:创建一个矩形的槽。

(2)〖球形端槽〗:创建一个底部为球体的槽。

(3)〖U 形槽〗:创建一个拐角使用半径的槽("U"形槽宽度应大于两倍的拐角半径)。

如图 3-93 所示,从左到右依次为矩形槽、球形端槽、"U"形槽。

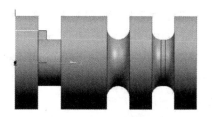

　　　图 3-92　〖槽〗对话框　　　　　　　图 3-93　槽示意图

3.2.12 筋板的创建

〖筋板〗命令的作用是通过拉伸相交的平截面将薄壁筋板或网格筋板添加到实体中。

激活〖筋板〗命令方式:〖插入〗→〖设计特征〗→〖筋板〗。

以一个例子简单介绍筋板的创建。要求创建一个长方体,长、宽和高依次为 100 mm、100 mm 和 20 mm,按照〖插入〗→〖偏置/缩放〗→〖抽壳〗步骤,选择长方体顶面和相邻两侧面进行 5mm 抽壳(〖抽壳〗命令会在后面章节具体介绍)。如图 3-94 所示,规定在上表面往下 10 mm 创建一个筋板。

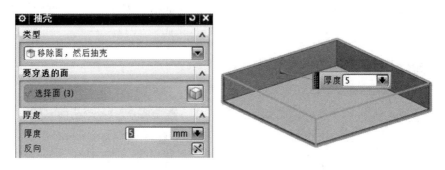

图 3-94　起始示意图

〖筋板〗命令的具体操作步骤:创建一个平面(见图 3-95);在创建的平面上绘制一条直线(见图 3-96),即可创建筋板。

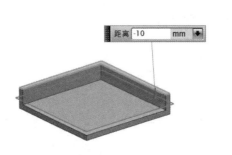

图 3-95　创建平面示意图

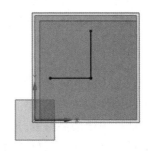

图 3-96　绘制直线示意图

创建筋板时,可以基于所画直线选择〖垂直于剖切平面〗或〖平行于剖切平面〗。〖垂直于剖切平面〗:将筋板壁设为与剖切平面垂直,可适用于多条曲线(见图 3-97)。〖平行于剖切平面〗:将筋板壁设为与剖切平面平行,仅可用于单曲线链(见图 3-98)。

在对话框中,可以在不同〖尺寸〗下输入规定的厚度(注意厚度不能太大,否则会报警)。〖尺寸〗的下拉列表包括的选项有〖对称〗和〖非对称〗。选择〖对称〗选项会在直线两侧创建筋板,这时两侧总厚度为所输入厚度;而选择〖非对称〗选项则只会向一侧创建筋板,可使用〖反转筋板侧〗改变创建方向。

勾选〖合并筋板和目标〗即可将创建的筋板与已存在体合并为一个新的体,反之则单独存在。

图 3-97　垂直于剖切平面示意图

图 3-98　平行于剖切平面示意图

在选择〖垂直于剖切平面〗后可选择〖帽形体〗(见图 3-99)。

上述筋板的创建是人为地将曲线往下绘制了 10 mm,而当使用帽形体时,可以通过〖几何体〗下拉列表中的〖从截面〗和〖从选定〗改变筋板的厚度。〖从截面〗:可通过输入偏置数值改变筋板的高度,也可直接使用鼠标拖动方向箭头改变高度。〖从选定〗:可将筋板延伸至指定平面。使用方法如下:先创建一个曲面(见图 3-100);在上表面绘制一条曲线,选择〖垂直于剖切平面〗(见图 3-101);选择〖从选定〗,选择开始时创建的曲面,即可使筋板的延伸起点从该曲面开始(见图 3-102)。

图 3-99　选择〖帽形体〗示意图

图 3-100　创建曲面示意图

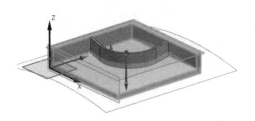

图 3-101　选择〖垂直于剖切平面〗示意图

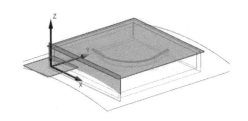

图 3-102　选择〖从选定〗示意图

需要注意的是,筋板的创建并不仅限于规则的形状。创建一个不规则的筋板的具体步骤如下:在选定平面上随意绘制线条(见图 3-103);通过使用〖筋板〗命令可创建出不规则的筋板(见图 3-104)。

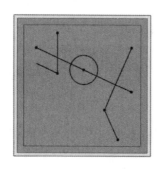

图 3-103 绘制线条示意图

图 3-104 筋板示意图

3.2.13 三角形加强筋和螺纹的创建

1. 三角形加强筋

〖三角形加强筋〗命令的作用是沿两组面的相交曲线添加三角形加强筋特征。

激活〖三角形加强筋〗命令方式:〖插入〗→〖设计特征〗→〖三角形加强筋〗。

完成激活操作即可弹出〖三角形加强筋〗对话框(见图 3-105)。

鼠标右键单击图标🔲,选择放置加强筋的第一平面。鼠标右键单击图标🔲,选择放置加强筋的第二平面。生成如图 3-106 所示的预览图。

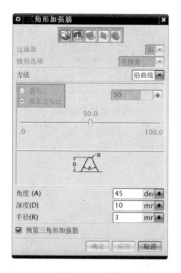

图 3-105 〖三角形加强筋〗对话框

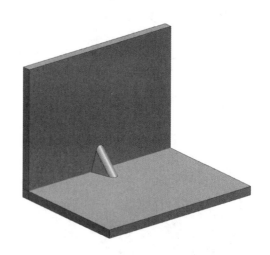

图 3-106 预览图示意图

(1)〖三角形加强筋〗对话框中〖修剪选项〗的下拉列表包括的选项有〖修剪与缝合〗和〖不修剪〗。

①〖修剪与缝合〗:鼠标左键单击后加强筋会与原图形缝合。

②〖不修剪〗:鼠标左键单击后加强筋和原图形不缝合(见图 3-107)。

（2）〖三角形加强筋〗对话框中〖方法〗的下拉列表又包括〖位置〗和〖沿曲线〗两个选项。

①〖位置〗：选择坐标系并编辑坐标来确定加强筋位置（见图 3-108）。

②〖沿曲线〗：选择该选项后有〖弧长〗和〖弧长百分比〗两个选项供选择，可调整加强筋在该曲线上的位置（见图3-109）。

（3）〖三角形加强筋〗对话框中〖角度〗指等腰三角形两腰之间的夹角。角度为 40°时的示意图如图 3-110 所示；角度为 70°时的示意图如图 3-111 所示。

（4）〖三角形加强筋〗对话框中〖深度〗指最高点到最低点的距离。深度为 10 mm 时的示意图如图3-112所示；深度为 20 mm 时的示意图如图3-113 所示。

（5）〖三角形加强筋〗对话框中〖半径〗指加强筋的宽度。半径为 1 mm 时的示意图如图3-114所示；半径为 4 mm 时的示意图如图3-115 所示。

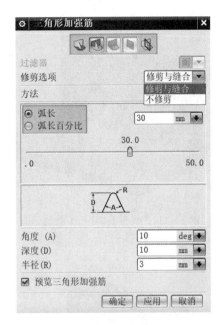

图 3-107　选择〖不修剪〗示意图

图 3-108　确定位置示意图

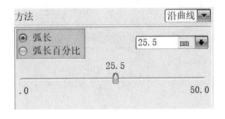

图 3-109　调整加强筋在曲线上的位置示意图

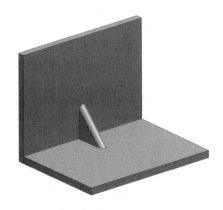

图 3-110　角度为 40°时的示意图

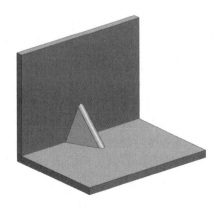

图 3-111　角度为 70°时的示意图

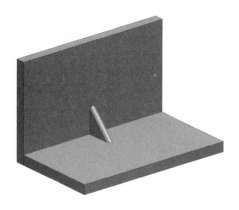

图 3 - 112　深度为 10 mm 时的示意图

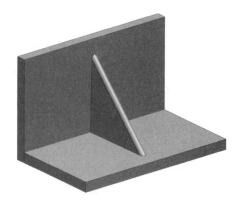

图 3 - 113　深度为 20 mm 时的示意图

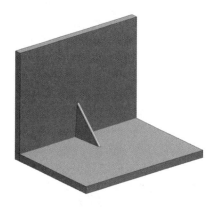

图 3 - 114　半径为 1 mm 时的示意图

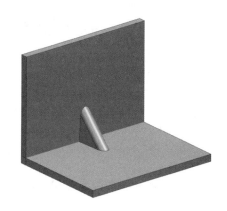

图 3 - 115　半径为 4 mm 时的示意图

2. 螺纹

〖螺纹〗命令的作用是将符号或螺纹添加到实体的圆柱面。

激活〖螺纹〗命令方式:〖插入〗→〖设计特征〗→〖螺纹〗。

完成激活操作即可弹出〖螺纹〗对话框(见图 3 - 116)。

〖螺纹〗对话框中包括的选项有〖大径〗、〖小径〗、〖螺距〗、〖角度〗等。

(1)〖大径〗:用于设置螺纹最大直径。

(2)〖小径〗:用于设置螺纹最小直径。

(3)〖螺距〗:用于设置螺纹上某一点到下一螺纹对应点间的距离,平行于测量轴。

(4)〖角度〗:用于设置螺纹的两个面之间的夹角,再通过螺纹轴在平面内测量。

下面简单介绍外螺纹和内螺纹的创建方法。外螺纹的创建方法:构建一个圆柱体(见图 3 - 117);通过选择〖螺纹〗→〖详细〗,再点击圆柱体,即可修改参数(见图 3 - 118)制作外螺纹,制得的外螺纹示意图如图 3 - 119 所示。内螺纹的创建方法:构建一个长方体,并钻一个孔(见图 3 - 120);通过选择〖螺纹〗→〖详细〗,再点击内测圆柱体,即可修改参数(见图 3 - 121)制作内螺纹,制得的内螺纹示意图如图 3 - 122 所示。

图 3-116 〖螺纹〗对话框

图 3-117 圆柱体示意图

图 3-118 修改参数示意图

图 3-119 制得的外螺纹示意图

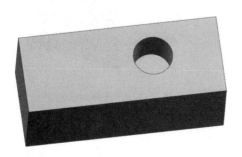

图 3-120 长方体钻孔后示意图

图 3-121 修改参数示意图

3.2.14 修剪体的创建

〖修剪体〗命令的作用是使用面或基准平面修剪掉一部分体。

激活〖修剪体〗命令方式：〖插入〗→〖修剪〗→〖修剪体〗。

完成激活操作即可弹出〖修剪体〗对话框（见图3-123）。

下面以正方体为例介绍〖修剪体〗命令的具体操作步骤。

图3-122 制得的内螺纹示意图

(1)点击〖修剪体〗对话框中的〖选择体〗，再点击已建立正方体，即可选择目标（见图3-124）。

图3-123 〖修剪体〗对话框

图3-124 选择正方体示意图

(2)点击〖修剪体〗对话框中的〖工具选项〗，在下拉列表中选择〖新建平面〗（见图3-125），然后在正方体中选择想要修剪的平面（见图3-126）。

图3-125 选择〖新建平面〗示意图

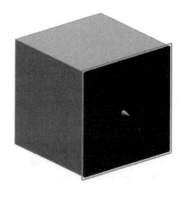

图3-126 选择面示意图

(3)按要求用〖按某一距离〗或〖成一角度〗进行修剪。

① 用〖按某一距离〗修剪的方法：点击〖修剪体〗对话框中的〖指定平面〗，在下拉列表中选择〖按某一距离〗（见图3-127），修改距离参数（见图3-128），确定好参数后即可进行修

剪,创建平面(见图 3-129),完成操作。

图 3-127　选择〖按某一距离〗示意图　　　　图 3-128　修改距离参数

　　② 用〖成一角度〗修剪的方法:点击〖修剪体〗对话框中的〖指定平面〗,在下拉列表中选择〖成一角度〗(见图 3-130);选择任一平面和面上的一条直线,并以该直线为轴将平面按照要求进行角度参数的修改(见图 3-131),确定好参数后即可进行修剪,创建平面(见图 3-132),完成旋转操作。依据图 3-132,若点击〖反向〗则得到如图 3-133 所示的示意图。

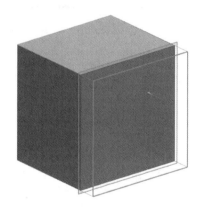

图 3-129　创建平面示意图　　　　　　图 3-130　选择〖成一角度〗示意图

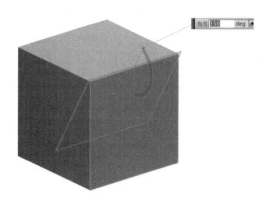

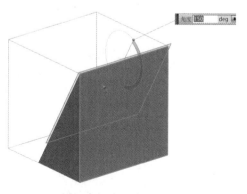

图 3-131　修改角度参数示意图　　　　　图 3-132　创建平面示意图

需要注意的是,工具选项中的面或平面在使用时,要大于或者等于需要修剪的体。但基准平面是无限大的,和现有的面不一样。

以图 3-134 为例,选择参考平面,新建一个基准平面(见图 3-135);将基准平面拉伸,使其一部分位于立方体内侧,一部分位于立方体外侧(见图 3-136);点击〖修剪体〗,对立方体进行选择,在〖工具选项〗中选择〖面或平面〗,选择基准平面(见图 3-137);以基准平面为基准进行修剪(见图 3-138),可以得出基准平面是无限大的,修剪时即使基准平面不在目标体内,也可进行修剪。

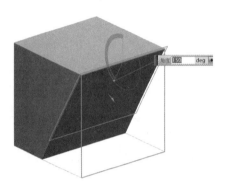

图 3-133 点击反向后示意图

图 3-134 选择参考平面示意图

图 3-135 新建基准平面示意图

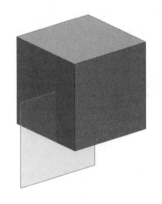

图 3-136 拉伸基准平面后示意图

图 3-137 选择基准平面示意图

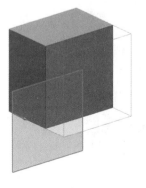

图 3-138 修剪后示意图

3.2.15　拆分体的创建

〖拆分体〗命令的作用是用面、基准平面或另一个几何体将一个体分割为多个体。

激活〖拆分体〗命令方式：〖插入〗→〖修剪〗→〖拆分体〗。

完成激活操作即可弹出〖拆分体〗对话框（见图3－139）。

〖拆分体〗对话框中〖工具选项〗的下拉列表包括的选项有〖面或平面〗、〖新建平面〗、〖拉伸〗、〖旋转〗。

图 3－139　〖拆分体〗对话框

(1)〖新建平面〗：选择〖新建平面〗拆分后会保留原来物体的形状（见图3－140和图3－141）。

图 3－140　选择〖新建平面〗示意图

图 3－141　拆分后示意图

(2)〖拉伸〗：在立方体上面构建一个凸台（见图3－143）；在〖工具选项〗中选择〖拉伸〗（见图3－143），并选择凸台与长方体接触的那条曲线；拉伸后可以得到如图3－144所示的示意图。若将立方体隐藏，则可发现凸台被拉伸了（见图3－145）。

图 3－142　构建凸台后示意图

图 3－143　选择接触的曲线示意图

图 3-144　拉伸后示意图　　　　　　　　　　图 3-145　隐藏立方体后示意图

　　(3)〖旋转〗:在〖拆分体〗中选择〖旋转〗,并选择顶面为截面(见图 3-146);在草图中为顶面绘制一个圆弧(见图 3-147);选择所靠近的体的一条边作为转动轴(见图 3-148);确认后,即可实现拆分(见图 3-149),将拆分体隐藏后,便可清楚地看到〖拆分〗命令的结果(见图 3-150)。

图 3-146　选择面示意图　　　　　　　　　　图 3-147　绘制圆弧示意图

图 3-148　选择转动轴　　　　图 3-149　拆分后示意图　　　　图 3-150　隐藏拆分体后示意图

3.2.16　修剪片体和延伸片体的创建

1. 修剪片体

〖修剪片体〗命令的作用是通过曲线、面或基准平面来修剪片体的一部分。

激活〖修剪片体〗命令方式:〖插入〗→〖修剪〗→〖修剪片体〗。

完成激活操作即可弹出〖修剪片体〗对话框(见图 3-151),选择想要修剪的片体及边界即可。

〖选择区域〗选择〖保留〗即可保留选中部分(边界内侧或外侧)(见图 3-152);〖选择区域〗选择〖放弃〗,则在操作命令后删去选中部分(边界内侧或外侧)。

需要注意的是,直线必须超过需要修剪片体的表面才可修剪,否则将会报警(见图 3-153)。

图 3-151　〖修剪片体〗对话框

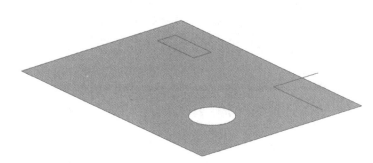

图 3-152　选择保留修剪后示意图

图 3-153　不满足条件报警示意图

只有勾选〖允许目标边作为工具对象〗(见图 3-154)时才能选择目标边缘作为修剪工具。如图 3-155 所示,选择左图片体中一边缘作为修剪工具,能够修剪出右图片体。

此外,〖投影方向〗下拉列表中的〖垂直于面〗只能修剪正投影,〖垂直于曲面〗才可修剪曲面片体上的投影。选择〖垂直于面〗后得到的正投影如图 3-156 所示;选择〖垂直于曲面〗后得到的曲面片体上的投影如图 3-157 所示,修剪后得到如图 3-158 所示的示意图。

图 3 - 154　勾选〖允许目标边作为工具对象〗示意图

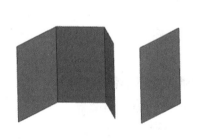

图 3 - 155　选择边界示意图

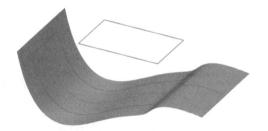

图 3 - 156　修剪正投影示意图

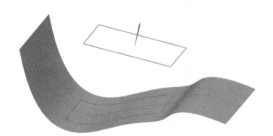

图 3 - 157　修剪曲面
片体上的投影示意图

图 3 - 158　修剪后示意图

2. 延伸片体

〖延伸片体〗命令的作用是将片体延伸一个偏置量或延伸后与其他体相交。

激活〖延伸片体〗命令方式:〖插入〗→〖修剪〗→〖延伸片体〗。

完成激活操作即可弹出〖延伸片体〗对话框(见图 3 - 159),选择所需延长的边可延长一定偏置值(见图 3 - 160)。

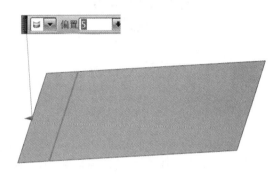

图 3 - 159 〖延伸片体〗对话框   图 3 - 160 延伸后示意图

3.2.17 修剪与延伸和取消修剪的创建

1. 修剪与延伸

〖修剪与延伸〗命令的作用是修剪或延伸一组边或面与另一组边或面相交。

激活〖修剪与延伸〗命令方式:〖插入〗→〖修剪〗→〖修剪与延伸〗。

完成激活操作即可弹出〖修剪与延伸〗对话框(见图 3 - 161)。

选择目标面或边可使所要延伸片体延伸至所选工具面(见图 3 - 162),也可根据所选工具边延伸方向修剪目标面(见图 3 - 163)。选择制作拐角可使片体延伸后自动形成拐角(见图 3 - 164)。

图 3 - 161 〖修剪与延伸〗对话框   图 3 - 162 选择工具面示意图

图 3-163 选择工具边延伸方向示意图

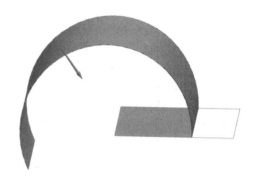

图 3-164 形成拐角后示意图

2. 取消修剪

〖取消修剪〗命令的作用是移除修剪过的边界以形成边界自然的面。

激活〖取消修剪〗命令方式:〖插入〗→〖修剪〗→〖取消修剪〗。

完成激活操作即可弹出〖取消修剪〗对话框,选择之前操作所修剪掉的面即可恢复成未经修剪的面。

经修剪后的面示意图如图 3-165 所示,使用〖取消修剪〗命令后,即可恢复成未修剪的面(见图 3-166)。

图 3-165 经修剪后的面示意图

图 3-166 未经修剪的面示意图

3.2.18 分割面、删除边和删除体的创建

1. 分割面

〖分割面〗命令的作用是用曲线、面或基准平面将一个面分割为多个面。

激活〖分割面〗命令方式:〖插入〗→〖修剪〗→〖分割面〗。

完成激活操作即可弹出〖分割面〗对话框(见图 3-167),选择要分割的面及分割对象(见图 3-168)可将面分割(见图 3-169)。通过〖插入〗→〖关联复制〗→〖抽取几何特征〗可抽取分割出的面(见图 3-170)。

图 3-167 〖分割面〗对话框

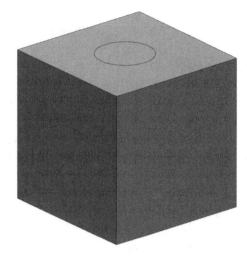

图 3-168 选择分割对象示意图   图 3-169 分割后示意图

需要注意的是,如果选择的分割对象无法组成封闭区域,则会无法分割。无法分割时会警报(见图 3-171)。

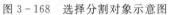

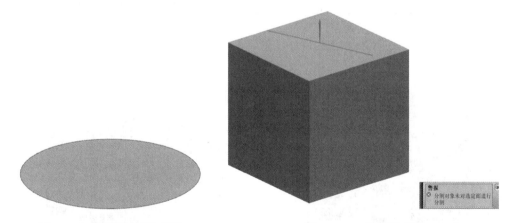

图 3-170 抽取面后示意图   图 3-171 警报示意图

2. 删除边

〖删除边〗命令的作用是删除片体中的边或边链,以移除内部或外部边界。

激活〖删除边〗命令方式:〖插入〗→〖修剪〗→〖删除边〗。

完成激活操作即可弹出〖删除边〗对话框(见图 3-172),选择想要删除的边即可(见图 3-173 和图 3-174)。

图 3-172 〖删除边〗对话框

图 3-173 选择要删除的边　　　　图 3-174 删除后示意图

3. 删除体

〖删除体〗命令的作用是删除一个或多个体。

激活〖删除体〗命令方式:〖插入〗→〖修剪〗→〖删除体〗。

完成激活操作即可弹出〖删除体〗对话框(见图 3-175),选择想要删除的体即可(见图 3-176 和图 3-177)。

图 3-175 〖删除体〗对话框

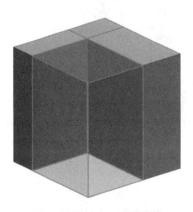
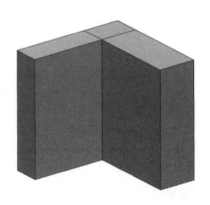

图 3-176 选择要删除的体　　　　图 3-177 删除后示意图

3.2.19 布尔运算(合并、求差、相交)的创建

1. 合并

〖合并〗命令的作用是将两个或多个实体的体积合并为单个体。

激活〖合并〗命令方式:〖插入〗→〖组合〗→〖合并〗。

完成激活操作即可弹出〖合并〗对话框(见图 3-178)。

下面进行一个实例演示:在同一坐标轴里合并一个 50 mm×50 mm×50 mm 的正方体

和半径为 15 mm、高为 100 mm 的圆柱体,合并后的示意图如图 3-179 所示。〖合并〗命令的具体操作步骤:在〖合并〗对话框中,以柱体为目标,以立方体为工具,点击〖确定〗即可合并(见图 3-180)。

图 3-178　〖合并〗对话框　　　　　图 3-179　合并后的示意图

需要注意的是,多个实体进行合并时可进行框选而不用一一选择;合并只可在实体和实体之间进行。

2. 求差

〖求差〗命令的作用是从一个实体中减去另一个体的体积,留下一个空体。

激活〖求差〗命令方式:〖插入〗→〖组合〗→〖求差〗。

完成激活操作即可弹出〖求差〗对话框(见图 3-181)。

图 3-180　选择体示意图　　　　　图 3-181　〖求差〗对话框

以图 3-182 所示的组合体为例,利用〖求差〗命令,使柱体和正方体合并成为一个实体,而球体为另一个实体。〖求差〗命令的具体操作步骤:在〖求差〗对话框中,以柱体和正方体合并的实体为目标,以球体为工具(见图3-183),点击〖确定〗后即可得到如图 3-184 所示的示意图。

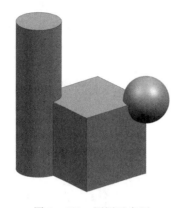

图 3-182 原图示意图

图 3-183 选择体示意图

〖设置〗中还有〖保存目标〗和〖保存工具〗两个选项(见图 3-185)。

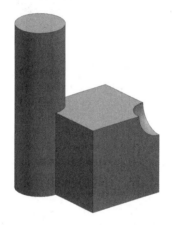

图 3-184 〖求差〗后示意图

图 3-185 〖设置〗中选项示意图

(1)〖保存目标〗:求差后目标体内空体体积会被补上(见图 3-186)。

(2)〖保存工具〗:求差后工具仍然保存下来(见图 3-187)。

图 3-186 选择〖保存目标〗后示意图

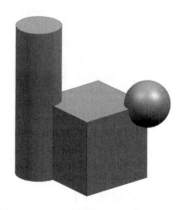

图 3-187 选择〖保存工具〗后示意图

3. 相交

〖相交〗命令的作用是创建一个体，它包含两个不同体的共用体积。

激活〖相交〗命令方式：〖插入〗→〖组合〗→〖相交〗。

完成激活操作即可弹出〖相交〗对话框（见图1-188）。

以图3-189为例，进行〖相交〗命令演示。〖相交〗命令的具体操作步骤：在〖求交〗对话框中，以柱体为目标，以正方体为工具（见图3-190），点击〖确定〗后即可得到如图3-191所示的示意图。

图 3-188　〖相交〗对话框

图 3-189　原图

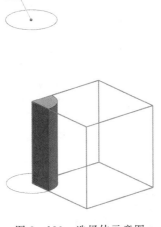

图 3-190　选择体示意图

图 3-191　相交后示意图

3.2.20　缝合、取消缝合、补片和连接面的创建

1. 缝合

〖缝合〗命令的作用是通过将公共边缝合在一起来组合片体，或通过缝合公共面来组合实体。

激活〖缝合〗命令方式：〖插入〗→〖组合〗→〖缝合〗。

完成激活操作即可弹出〖缝合〗对话框（见图3-192）。

开放式的片体缝合方法:先构建两个独立的片体(见图 3 - 193),公共边不可进行边倒圆;在〖缝合〗对话框中,以一个片体为目标,另一个片体为工具,点击〖确定〗即可将两个片体缝合(见图 3 - 194 和图 3 - 195)。缝合后外观无明显变化,可在右侧菜单栏查看(见图 3 - 196)。缝合后的实体边可进行边倒角(见图 3 - 197)。

图 3 - 192 〖缝合〗对话框

图 3 - 193 构建片体后示意图

图 3 - 194 选择目标示意图

图 3 - 195 点击〖确定〗示意图

图 3 - 196 查看缝合示意图

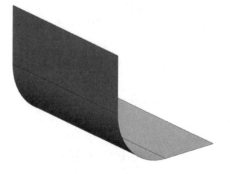

图 3 - 197 边倒角后示意图

封闭式的片体缝合方法：先构建一个由六张片体组成的正方体（见图 3-198）；在〖缝合〗对话框中，以一个片体为目标，以其他片体为工具，点击〖确定〗即进行缝合，可得到一个实体（见图 3-199）。

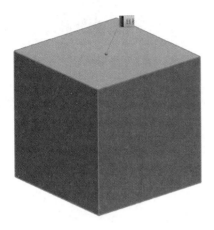

图 3-198　正方体示意图

图 3-199　缝合后示意图

2. 取消缝合

〖取消缝合〗命令的作用是取消缝合体中的面。该命令与前面所介绍的〖取消修剪〗操作类似，在此就不再具体介绍。

3. 补片

〖补片〗的作用是修改实体或片体，其方法是将面替换为另一片体的面。

激活〖补片〗命令方式：〖插入〗→〖组合〗→〖补片〗。

完成激活操作即可弹出〖补片〗对话框（见图 3-200）。

以图 3-201 为例，简单介绍〖补片〗命令的具体操作步骤。〖补片〗命令的具体操作步骤：构建一个实体，在实体上面构建一个片体（见图 3-201）；在〖补片〗对话框中，以实体为目标，以片体为工具（见图 3-202），点击〖确定〗后即可得到一个完整的实体（见图 3-203）。注意：片体的箭头要向下指向实体。

图 3-200　〖补片〗对话框

图 3-201　构建片体后示意图

图 3-202　选择目标示意图

图 3-203　〖补片〗后示意图

4．连接面

〖连接面〗命令的作用是将面合并到一个体上。

激活〖连接面〗命令方式：〖插入〗→〖组合〗→〖连接面〗。

完成激活操作即可弹出〖连接面〗对话框（见图 3-204）。

图 3-204　〖连接面〗对话框

3.2.21　抽壳和加厚的创建

1．抽壳

〖抽壳〗命令的作用是通过应用壁厚，打开选定的面修改实体。

激活〖抽壳〗命令方式：〖插入〗→〖偏置/缩放〗→〖抽壳〗。

完成激活操作即可弹出〖抽壳〗对话框（见图 3-205）。

以类型为〖移除面，然后抽壳〗为例，先构建一个长方体，对上表面进行抽壳（见图 3-206）；对相邻的两个面进行〖抽壳〗（见图 3-207）。长方体最多可以对五个面进行抽壳（见图 3-208）。

图 3-205　〖抽壳〗对话框

图 3-206　对上表面〖抽壳〗后示意图

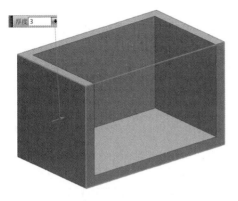

图 3-207　对相邻两个面抽壳后示意图

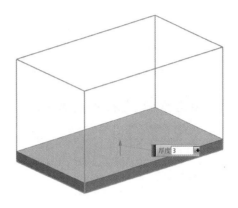

图 3-208　对长方体五个面抽壳后示意图

下面示范如何在抽壳操作后保留不同的面厚度：先对三个相邻的面进行抽壳，厚度都为 5 mm（见图 3-209）；在〖备选厚度〗中选择要改变厚度的面，设置新的厚度（见图 3-210）。

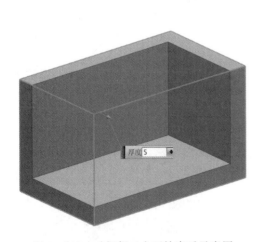

图 3-209　对相邻三个面抽壳后示意图

图 3-210　设置新的厚度示意图

如果还需要再添加不同厚度的面，可在〖抽壳〗对话框的〖备选厚度〗选项中的〖添加新集〗里进行修改。

需要注意的是，对球体进行抽壳时要在〖类型〗中切换为〖对所有面抽壳〗，抽壳后在外观上无法识别，可点击工具栏中〖剪切截面〗，再点击〖编辑截面〗进行查看。对球体抽壳后示意图如图 3-211 所示。

2. 加厚

〖加厚〗命令的作用是通过为一组面增

图 3-211　对球体抽壳后示意图

加厚度来创建实体。

激活〖加厚〗命令方式:〖插入〗→〖偏置/缩放〗→〖加厚〗。

完成激活操作即可弹出〖加厚〗对话框(见图3-312)。

需要注意的是,加厚时要选择单个面进行加厚(见图3-213)。

图3-212 〖加厚〗对话框

图3-213 选择面的类型示意图

下面进行加厚示范:选择斜面,并对其加厚10 mm(见图3-214),加厚结果如图3-215所示。

图3-214 选择斜面示意图

图3-215 加厚结果示意图

3.2.22 缩放体和片体到实体助理的创建

1. 缩放体

〖缩放体〗命令的作用是缩放实体和片体。

激活〖缩放体〗命令方式:〖插入〗→〖偏置/缩放〗→〖缩放体〗。

完成激活操作即可弹出〖缩放体〗对话框(见图3-216)。

〖缩放体〗对话框中〖类型〗的下拉列表包括的选项有〖均匀〗、〖轴对称〗和〖常规〗。

(1)〖均匀〗:将指定的参考点作为比例缩放中心,在 X,Y,Z 方向按照相同的比例缩放选取的对象(见图3-217~图3-219)。

图 3-216　〖缩放体〗对话框

图 3-217　类型选择〖均匀〗示意图

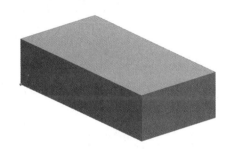

图 3-218　选择缩放点示意图

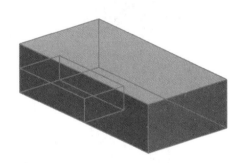

图 3-219　缩放后示意图

（2）〖轴对称〗：从指定矢量上的指定一点开始，沿轴向和其他方向按照设定的比例缩放选取的对象。

（3）〖常规〗：根据指定的基准坐标系，在 X,Y,Z 方向按照设定的比例缩放选取的对象。

〖轴对称〗、〖常规〗命令的操作与〖均匀〗类似，在此不做赘述。

2. 片体到实体助理

〖片体到实体助理〗命令的作用是自动执行一组片体的缝合与加厚，从一组未缝合的片体中形成实体。

激活〖片体到实体助理〗命令方式：〖插入〗→〖偏置/缩放〗→〖片体到实体助理〗。

完成激活操作即可弹出〖片体到实体助理〗对话框（见图 3-220）。

下面以一个实例简单介绍该命令的具体操作步骤：创建如图 3-221 所示的片体；激活〖片体到实体助理〗命令后，输入数值并选中对象（见图 3-222）；重复上个步骤，继续输入数值后，再次选中对象（见图 3-223）。

图 3-220　〖片体到实体助理〗对话框

经过上述操作后，可以获得一个由片体得到的实体（见图 3-224）。

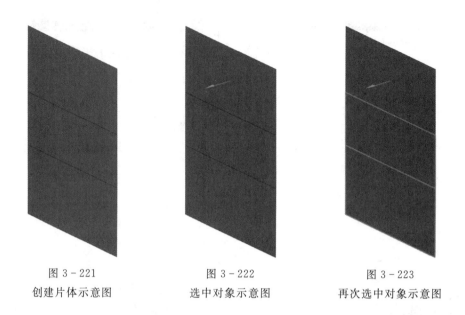

图 3 - 221　　　　　　　图 3 - 222　　　　　　　图 3 - 223
创建片体示意图　　　　选中对象示意图　　　　再次选中对象示意图

需要注意的是,〖片体到实体助理〗命令在部件导航器里显示为〖缝合〗+〖加厚〗(见图3 - 225)。

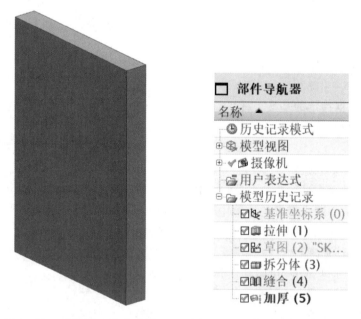

图 3 - 224　　得到的实体示意图　　　图 3 - 225　　部件导航器显示示意图

3.2.23 边倒圆的创建

〖边倒圆〗命令的作用是对面与面之间的锐边进行倒圆,半径可以是常数或变量。

激活〖边倒圆〗命令方式:①〖插入〗→〖细节特征〗→〖边倒圆〗;②使用快捷键〖Ctrl＋

Shift＋鼠标左键〗,点击右上角激活〖边倒圆〗命令。

完成激活操作即可弹出〖边倒圆〗对话框(见图3－226)。

(1)〖边倒圆〗对话框中〖要倒圆的边〗的下拉列表包括的选项有〖混合面连续性〗、〖选择边〗、〖形状〗、〖半径〗和〖添加新集〗。

①〖混合面连续性〗的下拉列表有〖G1(相切)〗和〖G2(曲率)〗两个选项。〖G1(相切)〗:用于指定始终与相邻面相切的圆角面;〖G2(曲率)〗:用于指定与相邻面曲率连续的圆角面。

图 3 － 226　〖边倒圆〗对话框

②〖选择边〗用于选择所需倒圆的边。(若选错可通过〖Shift〗键取消选择;如图 3－227 所示,可通过允许选择隐藏线框来选取看不到的曲线)

③〖添加新集〗:可在同一个对话框对不同边使用不同倒圆半径(见图3－228)。

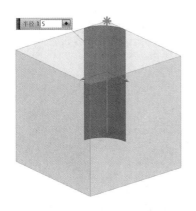

图 3 － 227　选择边示意图

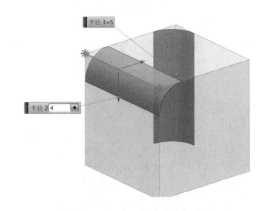

图 3 － 228　〖添加新集〗示意图

(2)〖边倒圆〗对话框中〖可变半径点〗的下拉列表包括的选项有〖指定新的位置〗、〖V 半径〗、〖位置〗、〖弧长〗、〖弧长百分比〗和〖通过点〗。

①〖指定新的位置〗:在使用要倒圆的边组中的选择边时可用,用于添加点并沿边集中的各条边设置半径值。

②〖V 半径〗:在选定点处设置半径。(可在图形窗口中更改半径值)

③〖位置〗:(在选择可变半径点时可用),用于指定〖弧长〗、〖弧长百分比〗和〖通过点〗,将可变半径点放置在边上。〖弧长〗:设置弧长的指定值,在弧长框中输入距离值。〖弧长百分比〗:将可变半径点设置为边的总弧长的百分比。在弧长百分比框中输入距离值。〖通过点〗:用于指定可变半径点,指定新的位置。

在操作倒圆命令后,可以通过测量演示所倒圆半径的正确性。第一步,点击〖插入〗→〖基准/点〗→〖基准平面〗,建立基准平面(见图3－229);第二步,点击〖插入〗→〖派生曲线〗→〖相交〗,获得相交半圆曲线(见图3－230);第三步,点击〖分析〗→〖局部半径〗,测量获得半圆半径(见图 2 - 231)。

图 3 - 229　建立基准平面示意图

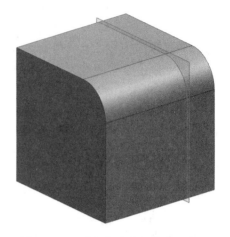

图 3 - 230　获得相交半圆曲线示意图

(3)〖边倒圆〗对话框中〖拐角倒角〗(在圆角面连续性为 G1 连续时可用)的下拉列表包括的选项有〖选择端点〗。〖选择端点〗:用于在边集中选择拐角终点,并在每条边上显示拖动手柄,使用拖动手柄可根据需要增大拐角半径值(见图 3 - 232)。

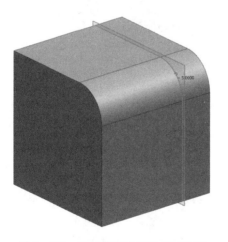

图 3 - 231　测量获得半圆半径示意图

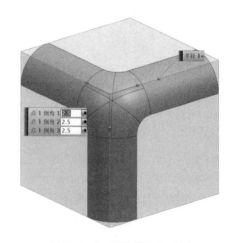

图 3 - 232　选择端点示意图

(4)〖边倒圆〗对话框中〖拐角突然停止〗的下拉列表包括的选项有〖选择端点〗和〖停止位置列表〗。

①〖选择端点〗:用于选择要倒圆边上的倒圆端点及停止位置。选择边端点之后,可以指定停止位置。

②〖停止位置列表〗:交点处可在多个倒圆相交的选定顶点处停止倒圆,如图 3 - 233所示。

(5)〖边倒圆〗对话框中〖修剪〗的下拉列表包括的选项有〖用户选定的对象〗、〖限制对象〗和〖使用限制平面或面截断倒圆〗。

①〖用户选定的对象〗:选中后其选项可指定用于修剪圆角面的对象和位置。

②〖限制对象〗:列出使用指定的对象修剪边倒圆的方法。

③〖使用限制平面或面截断倒圆〗:(当修剪对象为平面或面时可用),用于指定离预期截断倒圆的交点最近的点。如果修剪平面与圆角面在多处相交,则使用此方法。

指定修剪位置点示意图如图 3 - 234 所示。

图 3 - 233　选定顶点处停止倒圆　　　　图 3 - 234　指定修剪位置点示意图

(6)〖边倒圆〗对话框中〖溢出解〗的下拉列表包括的选项有〖允许的溢出解〗、〖在边上滚动(光顺或尖锐)〗、〖保持圆角并移动锐边〗、〖显示溢出解〗、〖选择要强制执行滚动的边〗、〖选择要禁止执行滚动的边〗。

①〖允许的溢出解〗:在光顺边上滚动,允许倒圆延伸至它遇到的光顺连接(相切)面。

②〖在边上滚动(光顺或尖锐)〗:在圆角面连续性为 G1 连续时可用,移除同其中一个定义面的相切,并允许圆角滚动到任何边上,不论该边是光顺的还是尖锐的。

③〖保持圆角并移动锐边〗:在圆角面连续性为 G1 连续时可用,允许圆角保持与定义面的相切,并将所有遇到的面移动到圆角面。

④〖显示溢出解〗:控制在边上滚动(光顺或尖锐)溢出选项是否应用于选定的边,在圆角面连续性为 G1 连续时可用。

⑤〖选择要强制执行滚动的边〗:用于选择边以对其强制应用在边上滚动(光顺或尖锐)选项。

⑥〖选择要禁止执行滚动的边〗:用于选择边以不对其应用在边上滚动(光顺或尖锐)选项。

(7)〖边倒圆〗对话框中〖设置〗的下拉列表一般使用系统默认设置,在此不做过多介绍。

3.2.24　面倒圆和软倒圆的创建

1. 面倒圆

〖面倒圆〗命令的作用是在选定面组之间添加相切圆角面。圆角形状可以是圆形、二次曲线或规律控制。

激活〖面倒圆〗命令方式:①〖插入〗→〖细节特征〗→〖面倒圆〗;②使用工具条:面倒圆。完成激活操作即可弹出〖面倒圆〗对话框(见图3-235)。

〖面倒圆〗对话框中〖类型〗的下拉列表包括的选项有〖两个定义面链〗和〖三个定义面链〗。

(1)〖两个定义面链〗:在选定的两个面之间添加相切圆角面(见图3-236)。

图3-235 〖面倒圆〗对话框

图3-236 〖两个定义
面链〗倒圆后示意图

(2)〖三个定义面链〗:在选定的两个面及中间面之间倒圆(见图3-237和图3-238)。

图3-237 选择面链示意图

图3-238 〖三个定义面链〗
倒圆后示意图

2. 软倒圆

〖软倒圆〗命令的作用是在选定面组之间添加相切和曲率连续倒圆面。

激活〖软倒圆〗命令方式:由于界面上方没有直接显示〖软倒圆〗命令,可用快捷键〖Ctrl+1〗调出〖定制〗对话框(见图3-239),接着按照〖插入〗→〖细节特征〗在命令栏下找到〖软倒圆〗,鼠标左键按住拉到图3-240所示的位置,即可保留该命令。

图 3-239　〖定制〗对话框

图 3-240　通过用户界面设置
进入〖软倒圆〗对话框方法示意图

完成激活操作即可弹出〖软倒圆〗对话框。

先选择腔体 1、2 两表面,并确定两表面法向指向倒圆面的圆心,然后选择 3、4 两边,最后定义锐边 5 为脊线串,即可创建软倒圆(见图 3-241~图 3-243)。

图 3-241
〖软倒圆〗对话框

图 3-242
选择目标示意图

图 3-243
软倒圆后示意图

3.2.25　倒斜角和拔模的创建

1. 倒斜角

〖倒斜角〗命令的作用是斜接一个或多个体的边。

激活〖倒斜角〗命令方式:①〖插入〗→〖细节特征〗→〖倒斜角〗;②通过工具栏的〖特征操作〗→〖倒斜角〗。

完成激活操作即可弹出〖倒斜角〗对话框(见图 3-244)。

〖倒斜角〗对话框〖横截面〗的下拉列表包括的选项如图 3-245 所示。

图3-244　〖倒斜角〗对话框　　　　　　　　　图3-245　〖横截面〗下拉列表

（1）〖对称〗:该方式通过对与设定的倒角边相邻的两个面设置相同的偏置量来创建倒角（见图3-246）。

（2）〖非对称〗:该方式通过对倒角面相邻的两个面设置不同的偏置来确定倒角（见图3-247）。

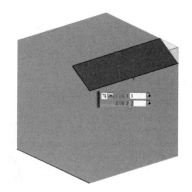

图3-246　对称倒斜角示意图　　　　　　　　图3-247　非对称倒斜角示意图

（3）〖偏置和角度〗:该方式通过对选中的倒角边设置一个偏置量和角度值来创建倒角（见图3-248）。

图3-248　偏置和角度倒斜角示意图

2. 拔模

〖拔模〗命令的作用是通过更改相对于脱模方向的角度来修改面。在工件设计中 80% 以上的产品都需要进行拔模。

激活〖拔模〗命令方式:〖插入〗→〖设计特征〗→〖拔模〗。

完成激活操作即可弹出〖拔模〗对话框(见图 3 - 249)。

〖拔模〗对话框中〖类型〗的下拉列表包括的选项有〖从平面或曲面〗、〖从边〗、〖与多个面相切〗和〖至分型边〗。

(1)〖从平面或曲面〗:允许用户指定固定平面或曲面(见图 3 - 250 和图 3 - 251)。拔模操作对固定平面处的体的横截面未进行任何更改。

图 3 - 249 〖拔模〗对话框

图 3 - 250 选择〖从平面或曲面〗示意图

(2)〖从边〗:用于将所选的边集指定为固定边,并指定这些边的面(见图 3 - 252 和图 3 - 253)。当需要固定的边不包含在垂直于方向矢量的平面中时,此选项有很大的帮助。

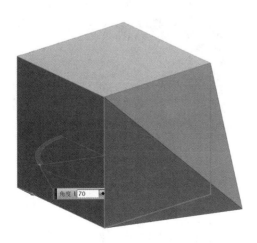

图 3 - 251 从平面或曲面拔模后示意图

图 3 - 252 选择〖从边〗示意图

需要注意的是,选择〖从边〗拔模,并完成选择边操作后,可以通过〖可变拔模点〗→〖指定点〗在所选边上任意选取一点来进行不同角度的拔模(见图 3-254 和图 3-255)。

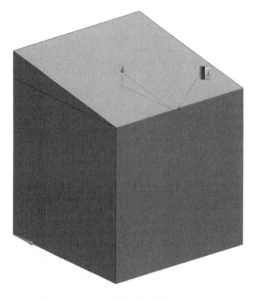

图 3-253 选择从边拔模后示意图

图 3-254 选择〖指定点〗示意图

(3)〖与多个面相切〗:用于在保持所选面之间相切的同时应用拔模。此选项用于在塑料部件或铸件中补偿可能的模锁,如图 3-256 所示。

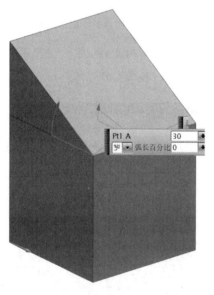

图 3-255 不同角度的拔模示意图

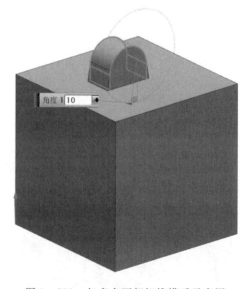

图 3-256 与多个面相切拔模后示意图

(4)〖至分型边〗:用于根据选定的分型边集、指定的角度及固定面来创建拔模面。此拔模类型创建垂直于参考方向和边缘的突出部分的面(见图 3-257)。

3.2.26　显示和隐藏、反转显示和隐藏的创建

1. 显示和隐藏

激活〖显示和隐藏〗命令方式：①〖编辑〗→〖显示和隐藏〗；②使用快捷〖Ctrl＋W〗。

完成激活操作即可弹出〖显示和隐藏〗对话框（见图3－258）。

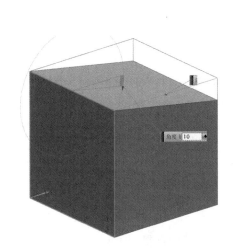

图3－257　至分型边拔模后示意图　　　　图3－258　〖显示和隐藏〗对话框

点击每一类型后面的〖＋〗、〖－〗可分别显示或隐藏对应的对象。

1）立即隐藏

激活〖立即隐藏〗命令方式：〖编辑〗→〖显示和隐藏〗→〖立即隐藏〗。

完成激活操作即可弹出〖立即隐藏〗对话框（见图3－259），选择对象后可立即隐藏选中的对象。

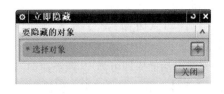

图3－259　〖立即隐藏〗对话框

2）隐藏

激活〖隐藏〗命令方式：〖编辑〗→〖显示和隐藏〗→〖隐藏〗。

完成激活操作即可弹出〖类选择〗对话框（见图3－260），选择对象并点击〖确定〗后可隐藏选中的对象。

3）显示

激活〖显示〗命令方式：〖编辑〗→〖显示和隐藏〗→〖显示〗。

完成激活操作即可弹出〖类选择〗对话框，可选择之前隐藏的对象并将其显示。

4）显示所有此类型

激活〖显示所有此类型〗命令方式：〖编辑〗→〖显示和隐藏〗→〖显示所有此类型〗。

完成激活操作即可弹出〖选择方法〗对话框（见图3－261），可显示选中类型的对象。

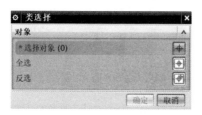

图 3-260　〖类选择〗对话框

图 3-261　〖选择方法〗对话框

5）全部显示

激活〖全部显示〗命令方式:〖编辑〗→〖显示和隐藏〗→〖全部显示〗。

完成激活操作可显示所有对象。

6）按名称显示

激活〖按名称显示〗命令方式:〖编辑〗→〖显示和隐藏〗→〖按名称显示〗。

完成激活操作即可弹出〖Show Mode〗对话框,可显示输入名称对应的对象。

2. 反转显示与隐藏

激活〖反转显示与隐藏〗命令方式:〖编辑〗→〖显示和隐藏〗→〖反转显示与隐藏〗。

完成激活操作后,可将所有对象的隐藏与显示状态反转。

对于创建对象的显示与隐藏,软件提供了多种方法,在实际操作时,根据不同命令的效果,选择最合适的命令即可。

3.2.27　四点曲面、整体突变、有界平面和曲线成片体的创建

1. 四点曲面

〖四点曲面〗命令的作用是通过指定四个点来创建一个曲面。

激活〖四点曲面〗命令方式:〖插入〗→〖曲面〗→〖四点曲面〗。

完成激活操作即可弹出〖四点曲面〗对话框(见图 3-262),可通过点击已有的四个点创建曲面(见图 3-263),也可通过设定四个点的坐标创建曲面(见图 3-264)。

图 3-262　〖四点曲面〗对话框

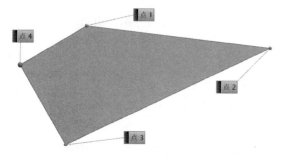

图 3-263　选择四个点创建曲面示意图

图 3-264　设定坐标创建曲面示意图

2. 整体突变

〖整体突变〗命令的作用是指通过拉长、折弯、歪斜、扭转和移位操作动态创建曲面。

激活〖整体突变〗命令方式:〖插入〗→〖曲面〗→〖整体突变〗。

完成激活操作即可弹出〖点〗对话框,选择一点位置后控制形成曲面,待出现〖整体突变形状控制〗对话框后,可利用其中选项改变创建曲面的几何特征(见图 3 - 265 和图 3 - 266)。

3. 有界平面

〖有界平面〗命令的作用是创建由一组端点相连的平面曲线封闭的平面片体。

激活〖有界平面〗命令方式:〖插入〗→〖曲面〗→〖有界平面〗。

完成激活操作即可弹出〖有界平面〗对话框(见图 3 - 267),选择已有的曲线可形成平面。如图 3 - 268 所示,选择四条共面曲线围成的封闭曲线后,使用该命令即可创建出一张有界平面。

图 3 - 266　整体突变后示意图

图 3 - 267　〖有界平面〗对话框

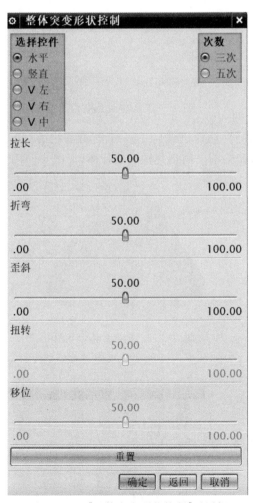

图 3 - 265　〖整体突变形状控制〗对话框

图 3 - 268　创建平面示意图

需要注意的是,若线串对象不共面,则会警报(见图 3-269)。

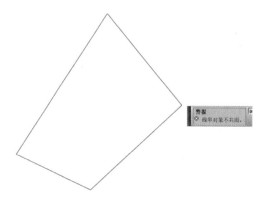

图 3-269　警报示意图

4. 曲线成片体

〖曲线成片体〗命令的作用是通过曲线组创建片体。

激活〖曲线成片体〗命令方式:〖插入〗→〖曲面〗→〖曲线成片体〗。

图 3-270　〖从曲线获得面〗对话框

完成激活操作即可弹出〖从曲线获得面〗对话框(见图 3-270),勾选选项之后进入〖类选择〗对话框(见图 3-271),选择曲线后可形成片体。选择两同轴的圆曲线后,使用该命令即可在两圆之间创建圆台状片体(见图 3-272)。

图 3-271　〖类选择〗对话框

图 3-272　创建片体示意图

3.2.28　通过点和从极点的创建

1. 通过点

〖通过点〗命令的作用是通过矩阵列点创建曲面。

激活〖通过点〗命令方式:〖插入〗→〖曲面〗→〖通过点〗。

完成激活操作即可弹出〖通过点〗对话框(见

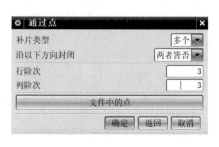

图 3-273　〖通过点〗对话框

图 3 - 273),点击〖确定〗会弹出〖过点〗对话框(见图 3 - 274),点击〖在矩形内的对象成链〗可通过选择已有的点形成曲面。在选择所有事先创建的点之后,使用该命令即可创建一张含所有点的曲面(见图 3 - 275)。

图 3 - 274　〖过点〗对话框

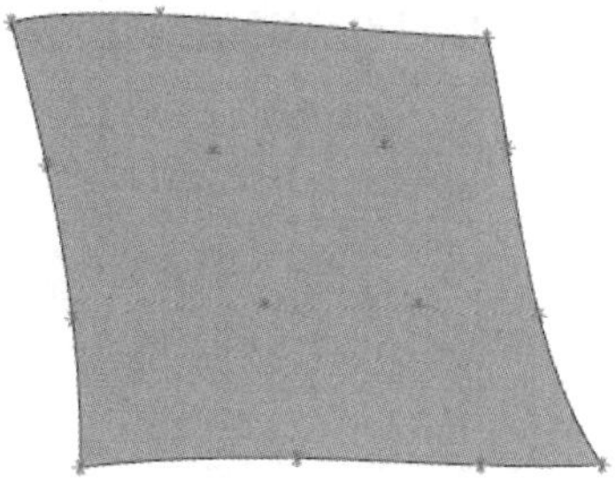

图 3 - 275　使用〖通过点〗命令
创建曲面示意图

2. 从极点

〖从极点〗命令的作用是用定义曲面极点的矩形阵列点创建曲面。

激活〖从极点〗命令方式:〖插入〗→〖曲面〗→〖从极点〗。

完成激活操作即可弹出〖从极点〗对话框(见图 3 - 276),点击〖确定〗会弹出〖点〗对话框(见图 3 - 277),可通过选择已有的点形成曲面(见图 3 - 278)。

图 3 - 276　〖从极点〗对话框

图 3 - 277　〖点〗对话框

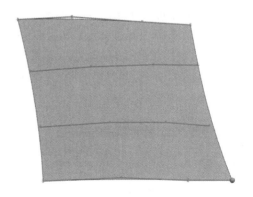

图 3 - 278　使用〖从极点〗命令
创建曲面示意图

3.2.29　直纹的创建

〖直纹〗命令的作用是通过两条截面线串生成曲面。

激活〖直纹〗命令方式:〖插入〗→〖网格曲面〗→〖直纹〗。

完成激活操作即可弹出〖直纹〗对话框(见图 3-279),选择下方一点作为截面线串 1,再选择上方封闭圆弧作为截面线串 2,可生成圆锥实体(见图 3-280)。

图 3-279 〖直纹〗对话框

图 3-280 使用〖直纹〗命令
创建曲面示意图

3.2.30 通过曲线组、通过曲线网格的创建

1. 通过曲线组

〖通过曲线组〗命令的作用是通过选取曲线组的方式创建曲面,曲线组中曲线的数量至少为两条,此方式可创建穿过多个截面的体。

激活〖通过曲线组〗命令方式:〖插入〗→〖网格曲面〗→〖通过曲线组〗。

完成激活操作即可弹出〖通过曲线组〗对话框(见图 3-281),可通过〖选择曲线或点〗生成曲面(见图 3-282 和图 3-283)。但要注意的是,每选完一条都要单击鼠标中键结束。若将面上的边作为曲线组的曲线,则生成的面会与现有的面相切。

图 3-281 〖通过曲线组〗对话框

图 3-282 〖选择曲线或点〗
生成曲面示意图

图 3-283 使用〖通过曲线组〗命令
创建曲面示意图

2. 通过曲线网格

〖通过曲线网格〗命令的作用是通过选取网格形状的曲线创建曲面,选取曲线时要选择主曲线和交叉曲线后才能定义曲面。

激活〖通过曲线网格〗命令方式:〖插入〗→〖网格曲面〗→〖通过曲线网格〗。

完成激活操作即可弹出〖通过曲线网格〗对话框(见图3-284)。当具有两组不同方向的交叉曲线时,可使用该命令创建曲面。首先确定主曲线,选择同一方向的曲线作为主曲线,再选择另一组同一方向的曲线作为交叉曲线,确定后即可创建曲面(见图3-285)。如图3-286所示,两组曲线中,其中一组同一方向的三条曲线交于一点,而另一组仅有一条曲线。此时,必须在【主曲线】下选择交点与那条独立方向曲

图3-284　〖通过曲线网格〗对话框

线,【交叉曲线】下选择同方向的多条曲线,才可以创建曲面。在操作过程中,每选择完一条曲线都要点击鼠标中键,才能进行下次选择。当两组曲线并未严格形成曲线网格时,创建曲面会产生警报,此时可以在对话框〖设置〗中调整各项公差系数(见图3-287),合理调整后,即可创建曲面(见图3-288)。

图3-285　使用〖通过曲线网格〗命令
创建平面示意图

图3-286　选择主曲线和
交叉曲线创建平面示意图

图3-287　在〖设置〗
里修改公差系数示意图

图3-288　修改后示意图

〖通过曲线网格〗对话框中的〖连续性〗：用于选择约束面，并指定连续性。可以沿公共边或在面的内部约束网格曲面。

3.2.31　N边曲面的创建

〖N边曲面〗命令的作用是创建一组端点相连的曲线封闭的曲面。

激活〖N边曲面〗命令方式：〖插入〗→〖网格曲面〗→〖N边曲面〗。

完成激活操作即可弹出〖N边曲面〗对话框（见图3-289）。

〖N边曲面〗对话框中〖类型〗的下拉列表包括的选项有〖已修剪〗、〖约束面〗和〖三角形〗。

（1）〖已修剪〗：允许创建单个曲面，覆盖选定曲面的开放或封闭环内的整个区域（见图3-290）。

若在设置中选择〖修剪到边界〗，则在操作该命令后，会将新创建面与原有面重叠部分修剪（见图3-291）。

图3-289　〖N边曲面〗对话框

图3-290　创建曲面示意图

图3-291　选择修剪到边界后示意图

（2）〖约束面〗：用于选择面以将相切和曲率约束添加到新曲面中。选择约束面以自动将曲面的位置、切线和曲率同该面相匹配。

（3）〖三角形〗：用于在选中曲面的封闭环内创建一个由单独的、三角形补片构成的曲面，每个补片由每个边和公共中心点之间的三角形区域组成。

3.2.32　扫掠的创建

〖扫掠〗命令的作用是通过沿一条线或多条引导线扫掠截面来创建体。

激活〖扫掠〗命令方式：〖插入〗→〖扫掠〗。

完成激活操作即可弹出〖扫掠〗对话框（见图3-292）。

事先创建好一个任意截面与一条弧线，选择截面和引导线即可将该截面沿引导线扫掠为实体。图3-293为一圆面沿一条弧线经扫掠后得到的图形。在截面选项中，若将截面位置切换为引导线末端，则可通过双击图中箭头来改变方向（见图3-294）。在选择两个截面后,界面选项中就会无引导线末端选项(见图 3-295)。一般勾选保留形状,可使图形生成的边缘存在。

图 3-292　〖扫掠〗对话框

图 3-293　扫掠后示意图

图 3-294　双击箭头可改变方向示意图

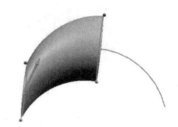

图 3-295　选择两个
截面扫掠后示意图

　　此外,不在截面上的曲线也可作为引导线。如图 3-296 所示,弧线不在圆面上,但仍可以通过选择该弧线作为引导线实现扫掠。

　　若有两条引导线,则选择一条后需单击一次鼠标中键。若使用两条引导线,则可以将一条曲线扫掠成片体(见图 3-297)。

图 3-296　选择弧线扫掠后示意图

图 3-297　扫掠出片体示意图

3.3　三维建模实例分析

经过这一段时间的学习,我们已经对三维建模的各项命令有了一定的了解。本节将会通过部分建模实例为大家进一步讲解建模的方法。通过对不同建模实例的讲解和自己的实际操作,大家会对三维建模有更加深刻的认识。

【例 3-1】　构建如图 3-298 所示的三维图形。

这个例子比较简单,作为新手也能通过一系列操作创建出来,但最开始学习 3D 建模时,我们需要学会拆面。当我们熟悉拆面后,接下来在使用基准坐标系制图时,就不会出现较多麻烦。选择一个合理的绘制平面将有利于工程制图。如果在绘制过程中任意选择平面,那么在工程制图中会导致视图紊乱。拆面运用的就是几何中的前视图、左视图、俯视图等知识。在绘制时,要确定所绘模型的各个视图。在操作中,也可以通过单鼠标右键,选择〖定向视图〗来确定各个面所对应的视图(见图 3-299)。

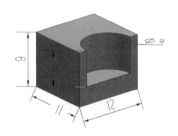
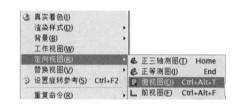

图 3-298　例 3-1 三维图形　　　　图 3-299　选择俯视图示意图

如图 3-300 所示,对于一个圆柱体来说,按上述操作后可得到俯视图为圆形(见图 3-301)。

图 3-300　圆柱体示意图　　　　图 3-301　俯视图示意图

解　具体操作步骤如下。

方法一

(1)通过绘制出长方体的左视图,再通过拉伸创建长方体。点击〖插入〗→〖拉伸〗→〖绘制截面〗(见图 3-302),选择平面作为基准面(见图 3-303)。因为左视图对应着 *YOZ* 平面,所以选择 *YOZ* 平面作为基准面,稍后可在其上绘制左视图。选择后,会出现图 3-304 的草图坐标系。

图 3-302　选择〖绘制截面〗示意图

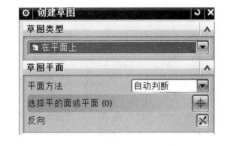

图 3-303　选择在平面上绘制草图

(2)绘制长为 12 mm、宽为 9 mm 的长方形草图(见图 3-305)。

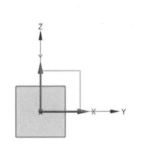

图 3-304　草图坐标系示意图

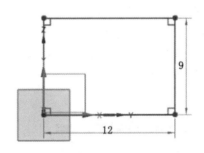

图 3-305　草图示意图

(3)在〖拉伸〗对话框中输入拉伸长度 11 mm,完成拉伸获得长方体(见图 3-306)。

(4)图 3-298 中长方体上半圆柱状的缺块,可以通过绘制草图并拉伸获得。继续使用〖拉伸〗命令,点击〖绘制截面〗,选择长方体顶面为基准面,在其上以一边的中点为圆心绘制直径为 9 mm 的圆(见图 3-307)。

图 3-306　拉伸后长方体示意图

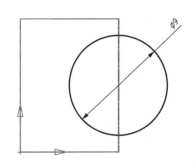

图 3-307　绘制圆示意图

(5)完成草图后,向下拉伸 6 mm,再进行布尔运算求差即可(见图 3-308 和图 3-309)。

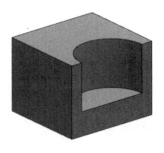

图 3-308　拉伸选择布尔求差示意图　　　　图 3-309　例 3-1 最终模型示意图

方法二

（1）创建长度、宽度、高度分别为 12 mm、11 mm、9 mm 的长方体（见图 3-310）。

（2）点击〖插入〗→〖设计特征〗→〖圆柱体〗（见图 3-311），移动鼠标至长方体棱边上，自动捕捉棱中点为圆柱体底面圆心，再输入圆柱体参数，〖布尔〗选择求差，即可创建所需要的模型（见图 3-312）。

图 3-310　创建长方体示意图

图 3-311　创建圆柱体　　　　　　图 3-312　最终模型示意图

对于半圆柱缺口，方法一中使用的是拉伸求差，而本方法中可直接创建圆柱体再求差。在创建时，需要注意圆柱体底面圆心位置的选取。

【**例 3-2**】　构建如图 3-313 所示的三维图形。

解　具体操作步骤如下。

方法一

（1）通过草图环境绘制左视图，标注各项尺寸，实现完全约束（见图 3-314），完成草图后拉伸 10 mm（见图 3-315）。

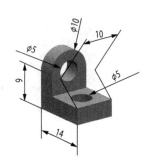

图 3-313　例 3-2 三维图形

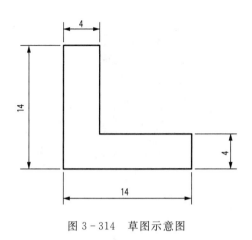

图 3-314　草图示意图

图 3-315　拉伸后示意图

（2）进行面倒圆操作：点击〖插入〗→〖细节特征〗→〖面倒圆〗（见图 3-316）。

（3）选择〖类型〗为〖三个定义面链〗，确定三个面链进行面倒圆操作（见图 3-317 和图 3-318）。

图 3-316　面倒圆命令示意图

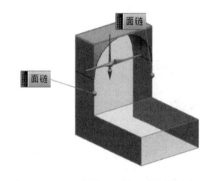

图 3-317　选择〖三个定义面链〗示意图

（4）钻孔。先选择上部所需孔的圆心，输入圆弧的半径；然后通过〖点〗对话框，设置 U 向参数、V 向参数均为 0.5，确定下部孔的圆心（见图 3-319）。

图 3-318　倒圆后示意图

图 3-319　选择圆心示意图

（5）输入孔的直径 5 mm，〖深度限制〗选择〖贯通体〗（见图 3-320），接着便可创建出所需模型（见图 3-321）。

图 3-320 选择形状和尺寸示意图

图 3-321 例 3-2 最终模型示意图

方法二

(1)点击〖插入〗→〖设计特征〗→〖长方体〗建立长度、宽度、高度（X,Y,Z 方向）分别为 14 mm、10 mm、14 mm 的长方体（见图 3-322）。

(2)点击〖插入〗→〖修剪〗→〖拆分体〗将目标体拆分。在〖拆分体〗对话框中，先选择目标，再确定拆分平面（见图 3-323）。

图 3-322 长方体示意图

图 3-323 〖拆分体〗对话框

(3)点击〖平面对话框〗，可弹出〖刨〗对话框，这时我们需要选择对象建立新的平面。选择长方体的顶面，改变矢量方向为向下，输入 10，即可确立第一个平面（见图 3-324）。以同样的方法，选择长方体前面，确立第二个平面。

(4)拆分后，点击〖修剪〗→〖删除体〗删去不需要的体（见图 3-325）。

图 3-324 确立第一个平面示意图

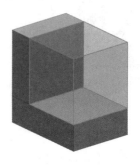

图 3-325 删除体后示意图

(5)点击〖插入〗→〖组合〗选择三个拆分后的体,合并在一起(见图 3-326)。

(6)点击〖插入〗→〖面倒圆〗倒出圆角(见图 3-327)。面倒圆步骤与方法一中相同,在此不再赘述。

图 3-326　组合后示意图

图 3-327　倒圆后示意图

(7)钻出所需的两个孔,该步骤与方法一中相同,在此不再赘述;也可以通过在各面建立圆柱体,求差后得到最后的体,该方法较为烦琐,不建议使用。

方法三:

使用多视图的绘制方法。这是一种比较基础且容易想到的办法,即通过不断绘制草图拉伸,再经过布尔运算得到实体。通常情况下,该方法较为烦琐,一般不使用。

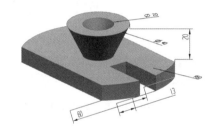

图 3-328　例 3-3 三维图形

【例 3-3】 构建如图 3-328 所示的三维图形。

解 具体操作步骤如下。

方法一

(1)绘制底部圆形及矩形并拉伸为体:点击〖插入〗→〖设计特征〗→〖拉伸〗进入〖拉伸〗对话框(见图 3-329),绘制圆形(见图 3-330),绘制矩形并修剪(见图 3-331),向上拉伸 10 mm(见图 3-332)。

图 3-329　〖拉伸〗对话框

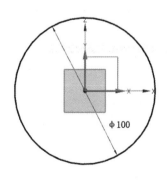

图 3-330　绘制圆形示意图

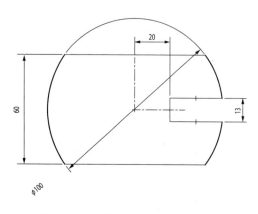

图 3-331 绘制矩形并修剪示意图

图 3-332 向上拉伸 10 mm 后示意图

(2)通过〖旋转〗命令绘制锥形:点击〖插入〗→〖设计特征〗→〖旋转〗进入〖旋转〗对话框,绘制旋转草图(见图 3-333),以 Z 轴为轴旋转即可获得最终所需模型(见图 3-334)。

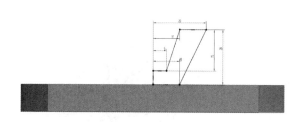

图 3-333 绘制旋转草图示意图

图 3-334 例 3-3
最终模型示意图

方法二

(1)绘制圆柱(见图 3-335),使用〖修剪体〗命令修剪(见图 3-336 和图 3-337)。

(2)添加底部右侧的腔体(见图 3-338)。

(3)按照尺寸要求,绘制圆锥进行求和(见图 3-339 和图 3-340);按照相同的操作,绘制圆锥后布尔运算求差(见图 3-341),即可获得最终所需模型。

图 3-335
绘制圆柱示意图

图 3-336 使用〖修剪体〗命令修剪示意图

图 3-337 修剪后示意图

图 3 - 338 添加腔体后示意图

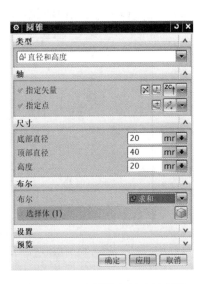

图 3 - 339 选择轴和尺寸示意图

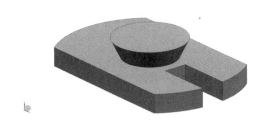

图 3 - 340 绘制圆锥后示意图

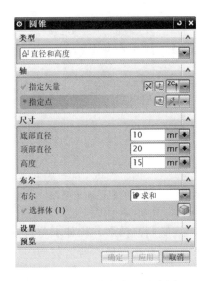

图 3 - 341 布尔求差示意图

【例 3 - 4】 构建如图 3 - 342 所示的三维图形。

解 具体操作步骤如下。

方法一

(1)绘制底部方形并拉伸为体:点击〖插入〗→〖设计特征〗→〖拉伸〗进入〖拉伸〗对话框,绘制矩形草图(见图 3 - 343),向上拉伸45 mm(见图 3 - 344)。

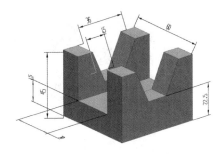

图 3 - 342 例 3 - 4 三维图形

（2）绘制中间方形，拉伸切除：选择上表面再次绘制截面（见图3-345），向下拉伸30 mm（见图3-346）。

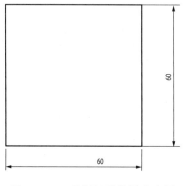

图3-343 绘制矩形草图示意图

图3-344 向上拉伸
45 mm后示意图

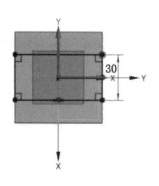

图3-345 在上表面
绘制截面示意图

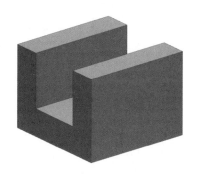

图3-346 向下拉伸30 mm后示意图

（3）绘制侧面梯形并拉伸求差：选择 *YOZ* 平面绘制梯形（见图3-347），贯通拉伸，布尔运算求差，即可获得最终所需模型（见图3-348）。

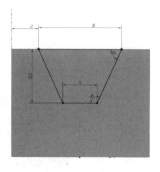

图3-347 绘制梯形示意图

图3-348 例3-4
最终模型示意图

方法二

(1)直接绘制一个长方体对其顶面和两个相对面进行抽壳,厚度为 15 mm,即可获得方法一步骤(2)中拉伸求差后的模型(见图 3-349 和图 3-350)。

(2)按照方法一后续步骤获得最终所需模型。

图 3-349　抽壳命令示意图

图 3-350　抽壳后示意图

【例 3-5】　构建如图 3-351 所示的三维图形。

解　具体操作步骤如下。

方法一

(1)先绘制长方体:点击〖插入〗→〖设计特征〗→〖拉伸〗进入〖拉伸〗对话框,点击〖绘制截面〗在平面上绘制草图(见图 3-352),向下拉伸 35 mm(见图 3-353)。

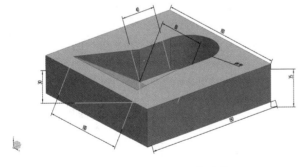

图 3-351　例 3-5 三维图形

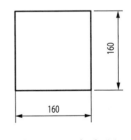

图 3-352　在平面上
绘制草图示意图

(2)进行半键槽绘制:在上表面继续绘制草图(见图 3-354),向下拉伸 30 mm(见图 3-355),布尔运算求差。

(3)先绘制片体,然后绘制两边斜线并拉伸至片体。在拉伸选项中选择 XOY 面,并将状态改为静态线框(见图 3-356 和图 3-357),然后绘制底部到顶端的直线(见图 3-358),对称值拉伸 110 mm(见图 3-359),再次点击〖绘制截面〗绘制两条斜线(见图 3-360),选择〖直至延伸部分〗(见图 3-361),并选择片体,拉伸,即可获得最终所需模型(见图 3-362)。

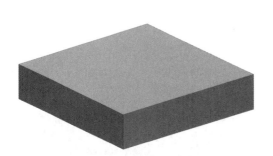

图 3 - 353　向下拉伸
35 mm 后示意图

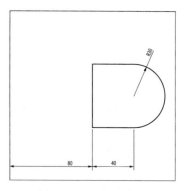

图 3 - 354　在上表面
绘制草图示意图

图 3 - 355　向下拉伸 30 mm 后示意图

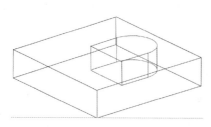

图 3 - 357　修改后示意图

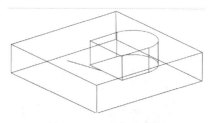

图 3 - 358　绘制底部到
顶端的直线示意图

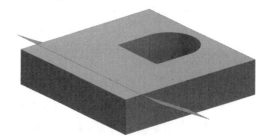

图 3 - 359　对称值拉伸
110 mm 后示意图

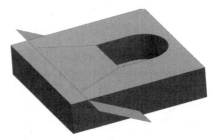

图 3 - 360　绘制两条斜线示意图

图 3 - 356　将状态
修改为静态线框

图 3-361　选择
〖直至延伸部分〗示意图

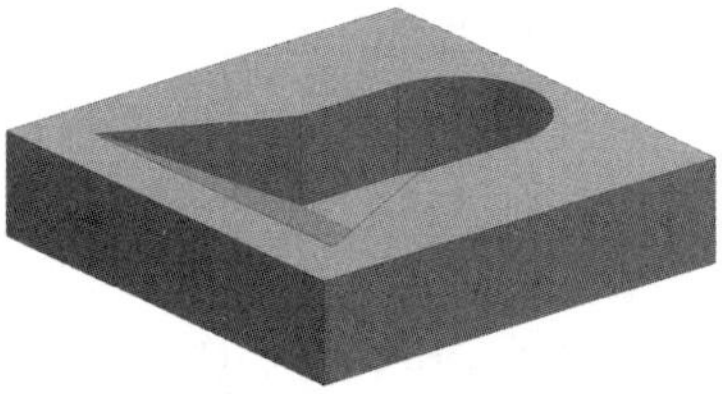

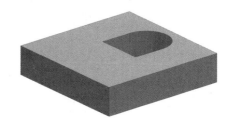

图 3-362　例 3-5
最终模型示意图

方法二

（1）同方法一的步骤（1）和步骤（2），创建一个如图 3-363 所示的模型。

（2）在建模模块里绘制空间直线再拉伸：点击〖插入〗→〖曲线〗→〖直线〗进入〖直线〗对话框（见图 3-364），绘制空间直线（见图 3-365），然后直接拉伸：选择 Z 轴正方向，距离超过上表面即可，布尔运算求差拉伸，即可获得最终所需模型。

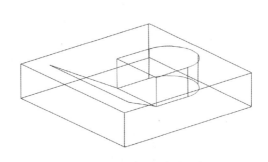

图 3-363　模型示意图

图 3-364　选择点示意图

图 3-365　绘制空间直线示意图

【例 3-6】　通过扫掠构建如图 3-366 所示的三维图形。

解　具体操作步骤如下。

（1）在平面绘制一个 50 mm×50 mm 的正方形草图（见图 3-367）。点击〖完成草图〗，然后选择〖拉伸〗选项，得到一个高为 100 mm 的立方体（见图 3-369）。在〖拉伸〗任务栏中找到〖拔模〗，选择〖从起始限制〗，角度设置为 8°（见图 3-369），点击〖确定〗后即可得到台体（见图 3-370）。

图 3-366　例 3-6 三维图形

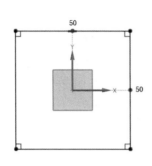

图 3-367　绘制 50 mm×50 mm
的正方形草图示意图

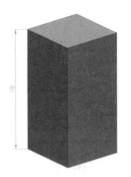

图 3-368　高为 100 mm 的
立方体示意图

图 3-369　设置拔模方式和角度

图 3-370　拔模后示意图

（2）选择 ZOX 平面，以原点为圆心绘制任一圆弧，半径为 50 mm（见图 3-371）。选择
ZOY 平面，以原点为圆心绘制任一圆弧，半径为 50 mm（见图 3-372）。草图制作完成后可
得到如图 3-373 所示的模型。

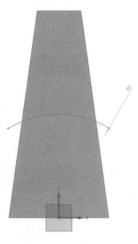

图 3-371　绘制 ZOX
平面的圆弧示意图

图 3-372　绘制 ZOY
平面的圆弧示意图

（3）点击〖插入〗→〖扫掠〗进入〖扫掠〗对话框，先选择任意一条弧线，再点击〖选择曲线〗，之后选择另外一条弧线（见图 3-374）。扫掠预览图如图 3-375 所示，点击〖确定〗后得到如图 3-376 所示的模型。

图 3-373　草图完成后示意图

图 3-374　扫掠选中截面和引导线示意图

图 3-375　扫掠预览图

图 3-376　扫掠后示意图

（4）点击〖插入〗→〖修剪〗→〖修剪体〗，将曲面上部分模型修剪掉（见图 3-377），按住〖Ctrl+V〗将多余部分隐藏（见图 3-378）。

图 3-377　修剪后示意图

图 3-378　隐藏多余部分后示意图

(5)点击〖插入〗→〖细节特征〗,打开〖边倒圆〗,点击〖选择边〗后进行倒圆(见图 3-379),即可获得最终所需模型(见图 3-380)。

图 3-379   倒圆后示意图   图 3-380   例 3-6 最终模型示意图

【例 3-7】   构建如图 3-381 所示的三维图形。

解   具体操作步骤如下。

(1)点击〖插入〗→〖设计特征〗,建立一个球体(见图 3-382)。

图 3-381   例 3-7 三维图形   图 3-382   建立球体示意图

(2)点击〖插入〗→〖修剪〗→〖修剪体〗进入〖修剪体〗对话框,选择球体为修剪对象,再选择〖新建平面〗,然后选择 Z 轴、距离为 0,点击〖确定〗即可得到如图 3-383 所示的模型。

(3)点击〖插入〗→〖偏置/缩放〗→〖抽壳〗进行〖抽壳〗对话框,自定义一个合适的大小(见图 3-384)。

图 3-383   修剪后示意图   图 3-384   抽壳后示意图

（4）点击〖插入〗→〖设计特征〗→〖拉伸〗进入〖拉伸〗对话框，点击〖绘制截面〗（见图 3 - 385）；打开〖创建草图〗对话框，草图类型选择〖在平面上〗，点击〖确定〗（见图 3 - 386）；在草图平面中绘制一个形状合适的矩形（见图 3 - 387）；在〖拉伸〗对话框中找到〖结束〗，选择〖直至延伸部分〗，在〖布尔〗中选择〖求和〗（见图 3 - 388）；点击〖确定〗后即可得到如图 3 - 389 所示的模型。

图 3 - 385　选择绘制截面示意图

图 3 - 386　创建草图示意图

图 3 - 387　在草图上绘制矩形示意图

图 3 - 388　布尔运算求和示意图

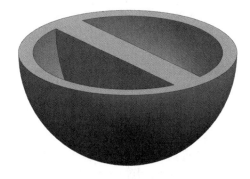

图 3 - 389　布尔运算求和后示意图

（5）点击〖插入〗→〖细节特征〗→〖边倒圆〗进入〖边倒圆〗对话框，先对底部进行倒圆角（见图 3 - 390），再对半圆边缘进行边倒圆，即可获得最终所需模型（见图 3 - 391）。

图 3 - 390　倒圆角后示意图　　　　图 3 - 391　例 3 - 7 最终模型示意图

第4章 有限元分析基础与实例

4.1 工程分析中的有限元基础理论

随着生产力的不断发展,人们需要越来越精密的仪器来满足需求。在仪器的设计过程中,设计者需要对仪器使用过程中的应力、应变、谐振频率等参数有一定的了解,从而预测仪器的性能、使用寿命。使用传统的计算方法(如弹性力学的经典理论)可以解决一些简单的问题,但对于含有形状复杂的或者材料非线性的物体相关的问题,经典理论却难以求解。有限元分析可以解决这一难题,因此其在科学研究和工程实际中被广泛地使用。

4.1.1 有限元分析的发展

1969 年,ANSYS 软件的创办人 Swanson 博士任职于美国宾夕法尼亚州匹兹堡的西屋电气公司的太空核子实验室。当时他的工作之一就是为某个核子反应火箭做应力分析。出于工作上的需要,Swanson 博士写了一些程序来计算加载温度和压力的结构应力和变形。几年下来,建立在 Wilson 博士原有的有限元素法热传导程序上,扩充了不少三维分析的程序,包括板壳、非线性、塑性、潜变、动态全程等。此程序当时被命名为 STASYS(Structural Analysis System)。Swanson 博士当时就认为,利用这样整合和一般性的有限元素法程序来取代复杂的手算,可以为西屋电气公司和其他许多公司省下大量的时间和金钱。不过当初西屋电气公司并不支持这样的想法,所以 Swanson 博士于 1969 年离开西屋电气公司,在临近匹兹堡的家中车库创立了他自己的公司——Swanson Analysis Systems Inc. (SASI)。

1970 年,商用软件 ANSYS 宣告诞生,而西屋电气公司也成了 ANSYS 软件的第一个使用者。1979 年左右,ANSYS 3.0 版开始可以在 VAX-11/780 迷你计算机上执行。1986年,ANSYS 4.0 版开始支持 PC。当时使用的芯片是 Intel 286,利用指令互动模式可以在屏幕上绘出简单的节点和元素。不过这时候还没有 Motif 格式的图形界面。1993 年推出了 ANSYS 5.0 版。1994 年的 ANSYS 5.1 版已经有了 Motif 格式的图形界面。

1994 年,Swanson Analysis Systems Inc. 被 TA Associates 公司并购。当年该公司在底特律的 AUTOFACT 94 展览会上宣布了新的公司名称"ANSYS"。并在 1996 年推出了 ANSYS 5.3 版。1997 年起,ANSYS 公司开始向美国许多著名教授和大学实验室发送 ANSYS 软件的教育版,期望能向学生及学校扎根推广 ANSYS 软件。2001 年,ANSYS 公司和 International TechneGroup Incorporated 合作推出了 CADfix for ANSYS 5.6.2/5.7,以解决由外部汇入不同几何模型文件的问题。接着 ANSYS 公司先后并购了 CADOE S.A

及 ICEM CFD Engineering。2001 年 12 月，ANSYS 6.0 版开始发售。此版的离散求解模块相比于之前的版本，不但速度增快，而且内存空间需求大为减小。在此版之前，ANSYS 多半建议用户使用 PCG 模块解决大型的模型。从 2006 年起，ANSYS 公司先后完成了对 Fluent、Ansoft、Apache Design Solutions、Esterel Technologies、EVEN 等公司的收购，公司规模进一步壮大。

时至今日，ANSYS 软件的研究与开发不断汲取计算方法和计算技术的最新发展成果，并引领着有限元发展的趋势，成为全球工业界广泛接受的一款软件。

4.1.2 有限元分析的思想

有限元分析的基本思想是离散化概念。这一思想早在 20 世纪 40 年代就被提出。受当时条件的限制，这一思想没有得到重视。20 世纪 50 年代，英国航空教授阿吉里斯和他的同事运用网格思想成功地进行了结构分析。这一思想即是将问题的求解域划分为一系列的单元，单元之间仅靠节点连接，单元内部点的待求量可由单元节点量通过选定的函数关系插值求得。由于单元形状简单、易于由平衡关系建立节点量之间的方程式，因此可以将各个单元的方程式集合在一起形成总体代数方程组，再根据边界条件得出结果。

有限元分析是求解连续域问题的数值计算方法，它基于矩阵理论发展起来。从数学形式上来说，如果将一个连续的无限自由度问题转化为有限自由度问题，那么其复杂度就会下降很多。求解出的单位未知量可以利用插值函数来得出连续体上的场函数。随着单元数目的增多，单元尺寸会不断减小，解的近似程度会得到改善。如果最后单元是收敛的，那么近似解也将是收敛的，并趋于精确解。

4.1.3 有限元分析的步骤

有限元分析的步骤可以总结如下。

(1)弹性连续体的离散化。将求解域离散为有限个单元，且单元之间通过节点相互连接。这主要包含单元类型的选取和网格的划分。常见的单元类型包括一维线单元，二维三角单元、四边形单元，三维四面体单元、五面体单元等。单元类型的选择会影响最后计算出来的结果。网格划分的密度也会对结果有直接的影响：网格划分得越密，节点数目越多，计算的结果越精确，但是计算量会越大；而网格划分得越疏，节点数目越少，计算结果的误差越大，但计算量会越小。

(2)选择单元位移函数。在有限元分析中，选择节点位移作为基本未知量时称为位移法。在几何单元中，如果存在位移函数可以模拟真实的位移，那么节点位移可以表示单元体的位移、应力和应变，因此位移函数的选择是有限元分析的关键。由于多项式在积分、微分等数学计算中容易求解，并且某一个闭区域内的函数总可以用一个多项式来插值逼近，因此位移函数往往选取多项式函数。多项式的项数应当与自由度数目相等，多项式的项数越多，逼近真实位移的精度越高。

通过选定的位移函数，可以得出节点位移表示单元内任意一点位移的关系式为

$$\{f\}^e = [N]\{\Delta\}^e \qquad (4-1)$$

式中，$\{f\}^e$ 为单元内任意一点位移列阵；$[N]$ 为形函数矩阵；$\{\Delta\}^e$ 为单元节点位移列阵。

（3）分析单元力学性能。在选择好单元类型和相应的位移函数后，分析单元力学特性，其中包括以下三项内容。

① 利用几何方程和位移表达式得出单元应变关系为

$$\{\varepsilon\} = [B]\{\Delta\}^e \qquad (4-2)$$

式中，$\{\varepsilon\}$ 为单元内任意一点应变列阵；$[B]$ 为单元应变矩阵；$\{\Delta\}^e$ 为单元节点位移列阵。

② 通过物理方程得出单元应力关系为

$$\{\sigma\} = [D]\{\varepsilon\}^e = [D][B]\{\Delta\}^e = [S]\{\Delta\}^e \qquad (4-3)$$

式中，$\{\sigma\}$ 为单元内任意一点应力列阵；$[D]$ 为单元材料中的弹性矩阵；$\{\varepsilon\}^e$ 为单元应变列阵；$[B]$ 为单元应变矩阵；$[S]$ 为单元应力矩阵。

③ 通过虚功原理建立单元刚度矩阵为

$$\{F\}^e = [K]^e\{\Delta\}^e \qquad (4-4)$$

式中，$\{F\}^e$ 为单元节点力阵列；$[K]^e$ 为单元刚度矩阵；$\{\Delta\}^e$ 为单元节点位移列阵。

（4）计算等效节点力。连续体在离散化后，如果力是从一个单元传递到另一个单元，那么作用在单元边界的表面力、体积力、集中力都会移到节点上，这样等效节点力就可以替代所有作用在单元上的力。

（5）整体分析。将所有单元的总刚度矩阵集成起来，建立连续体的平衡方程。这包含两个方面：一方面是将各个单元的刚度矩阵集成为整体结构的总刚度矩阵；另一方面是将作用于所有单元的等效节点力列阵集成为整体结构的节点载荷列阵。整体结构的总体刚度矩阵为

$$\{R\} = [K]\{\Delta\} \qquad (4-5)$$

式中，$\{R\}$ 为整体结构的节点载荷列阵；$[K]$ 为整体结构的总刚度矩阵；$\{\Delta\}$ 为整体结构的节点位移列阵。

（6）求解总刚度矩阵。引入边界约束条件，修正总刚度矩阵，得出节点位移分量。

（7）计算单元应力。根据节点位移分量，通过弹性力学的应力、应变公式计算出单元应力、应变等物理量，绘制出结构变形图。

ANSYS 软件模型分析步骤如下。

（1）建立模型：①创建模型或者从其他软件导入模型；②定义材料属性；③划分网格。

（2）施加载荷和求解：①施加载荷和约束条件；②进行求解。

（3）观看结果：①查看仿真结果；②校验结果正确性。

4.2　ANSYS 软件分析实例

4.2.1　静力学分析及实例

为了满足精密加工与精密移动的需求，机构需要实现连续的微小进给。压电驱动是实

现进给运动的方式之一。这种方式因能量转换率高、分辨率高、响应速度快等优异的性能而受到广泛关注。但是因为压电陶瓷的最大形变为其尺寸的千分之一到千分之二,其形变难以满足实际要求,所以需要位移放大机构来放大其移动范围。

　　菱形位移放大机构(见图 4-1 和图 4-2)可获得较高的位移放大比(2～20 倍),其放大比可以通过调整结构参数获得。图 4-3 为菱形位移放大机构参数(未包含叠堆),具体倍数可根据需求设计。菱形位移放大机构易与外界的阻抗匹配,结构对称,谐振频率为 1～10 kHz,因此菱形位移放大机构的工作频率较高。这些优点使得菱形位移放大机构适合作为压电叠堆输出阻抗匹配的装置。表 4-1 为菱形位移放大机构的组成材料。

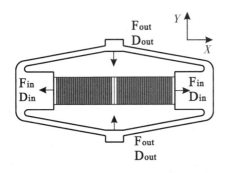

图 4-1　菱形位移放大机构平面示意图

图 4-2　菱形位移放大机构三维图形

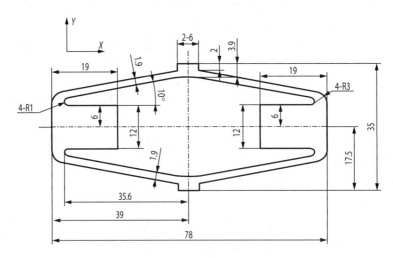

图 4-3　菱形位移放大机构参数(未包含叠堆)

表 4-1　菱形位移放大机构的组成材料

材料名称	密度/(kg/m³)	泊松比	杨氏模量/GPa
锰钢	7840	0.28	210
氧化铝(10 mm×10 mm×0.9 mm)	3700	0.2	300
PZT-4(10 mm×10 mm×0.7 mm)	7500	—	—

本节将对未安装压电叠堆的菱形位移放大机构进行静力学分析有如下目的：计算出位移放大机构的输入刚度（K_x）和输出刚度（K_y）；计算在叠堆预压 3000 N 装入后，位移放大机构的应力是否在材料允许范围内，并具有一定的安全系数；分析叠堆在 3000 N 预压装入时，需要将位移放大机构撑开的空间。

本书第三章介绍了 UG 软件的建模方法，接下来将会描述在 UG 软件建模的基础上如何对模型进行受力分析。在 UG 软件建模的基础上对模型进行受力分析的具体操作步骤如下。

（1）在 UG 软件中建立好模型，把模型导入 ANSYS 软件中，并在 ANSYS 软件中仿真。具体操作步骤：在 UG 软件中点击〖文件〗→〖导出〗→〖Parasolid〗（见图 4 - 4）；在模型界面框选中需要导出的模型，点击〖确定〗（见图 4 - 5 和图 4 - 6）；文件类型选择".x_t"格式，填写文件名并保存到合适的位置（见图 4 - 7）。

图 4 - 4　从 UG 软件导出文件示意图

图 4 - 5　选中需要导出的模型

图 4 - 6　导出 Parasolid 示意图

图 4 - 7　导出界面

（2）启动〖Mechanical APDL Product Launcher 19.2〗，选择文件需要存储的位置和工作名，点击〖Run〗运行软件（见图 4 - 8）。点击〖File〗→〖Import〗→〖PARA〗导入模型（见图 4 - 9）。在〖Directories〗中选择从 UG 软件中导出模型的目录，在〖File Name〗中选择需要导入

的模型并点击〖OK〗(见图 4 - 10)。

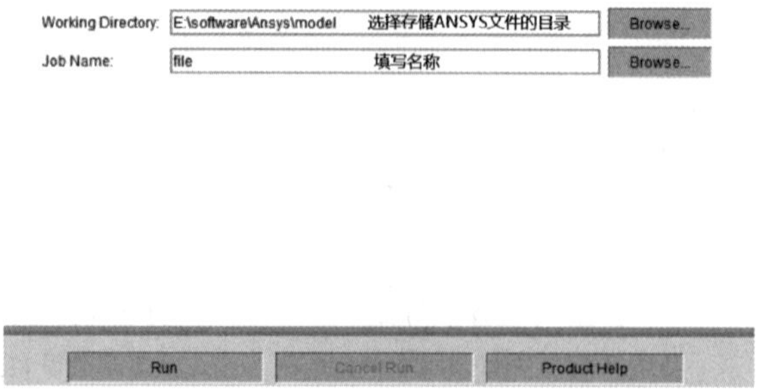

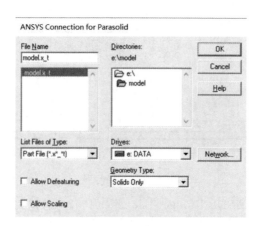

图 4 - 8 ANSYS 软件启动界面

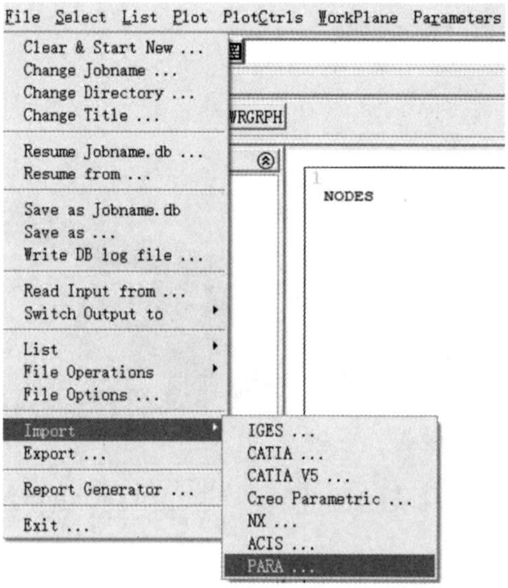

图 4 - 9 导入模型示意图

图 4 - 10 选择导入文件示意图

（3）导入模型之后，需要进行如下操作。

① 对显示方式进行更改。使用 Parasolid 导入的模型只有轮廓线，并未显示实体图形。将轮廓线转化为实体有利于读图和后续仿真分析。更改显示方式的具体操作步骤：第一步，点击〖PlotCtrls〗→〖Style〗→〖Solid Model Facets〗（见图 4 - 11）；第二步，在下拉菜单中选择〖Normal Faceting〗，点击〖OK〗便可将轮廓线转化为实体（见图 4 - 12）；第三步，点击〖Plot〗→〖Replot〗将显示出实体图形，即显示方式更改完成（见图 4 - 13）。

图 4 - 11　更改显示方式示意图

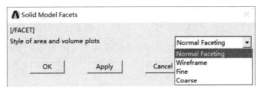

图 4 - 12　显示方式选择示意图

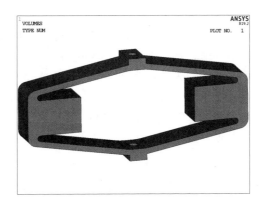

图 4 - 13　显示实体

需要注意的是,当模型是由两个零件以上的装配体组成时,需要先进行 Glue 操作。Glue 操作的具体步骤:点击〖Preprocessor〗→〖Modeling〗→〖Operate〗→〖Booleans〗→〖Glue〗→〖Volumes〗,在弹出的对话框中点击〖Pick All〗完成操作(见图 4-14 和图 4-15)。

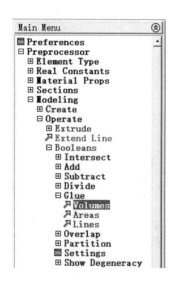

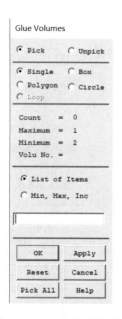

图 4-14 Glue 模型示意图   图 4-15 选择模型示意图

② 将模型导入 ANSYS 软件之后,需对单元属性进行定义。单元属性是在对模型进行网格划分前对模型特征的定义,其中包含单元类型和材料属性。值得注意的是,因为 ANSYS 软件未对单位进行规定,所以在输入参数的时候需要注意单位换算的问题。

(4)进入前处理模块,定义单元类型、定义材料属性、网格划分、定义边界条件、对物体施加力等参数。

① 定义单元类型。在进行单元类型定义时,需要根据问题的精度要求、模型几何形状等参数选择合适的单元类型。定义单元类型的具体操作步骤如下:第一步,点击〖Preprocessor〗→〖Element Type〗→〖Add/Edit/Delete〗。由于一开始并没有默认的单元类型,因此需添加单元类型(点击〖Add〗,在弹出的对话框中选择合适的单元类型,本节采用 SOLID 186 单元类型)。选择完成后点击〖OK〗(见图 4-16 和图 4-17)。第二步,在〖Element Types〗对话框中会显示定义好的单元类型,点击〖Add〗和〖Delete〗可以分别对单元类型进行添加和删除操作(见图 4-18)。

② 定义材料属性。定义材料属性的具体操作步骤:第一步,点击〖Preprocessor〗→〖Material Props〗→〖Material Models〗,在弹出的对话框中点击〖Material Model Define〗→〖Material Model Number 1〗,在右侧〖Material Models Available〗中点击〖Structural〗→〖Linear〗→〖Elastic〗→〖Isotropic〗(见图 4-19)。第二步,完成操作后弹出如图 4-20 所示的对话框,在弹出的对话框中填写杨氏模量(EX)和泊松比(PRXY),选择完成点击〖OK〗。菱形位移放大机构采用锰钢材料,其参数见表 4-1 所列。第三步,点击〖Material〗→

〖Structural〗→〖Density〗(见图 4 - 21)，填写如图 4 - 22 所示的内容。

图 4 - 16　设置单元类型示意图

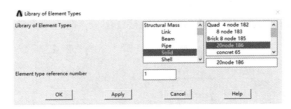

图 4 - 17　选择单元类型示意图

图 4 - 18　添加或删除单元类型示意图

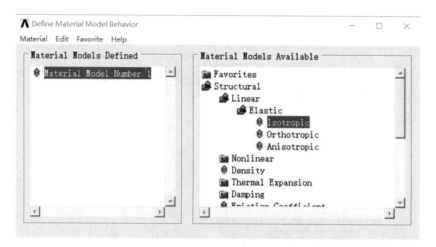

图 4-19 设置材料属性示意图

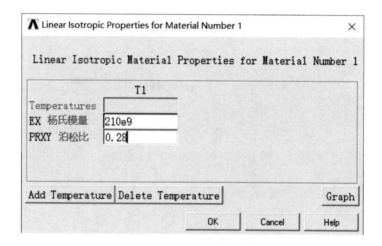

图 4-20 设置杨氏模量和泊松比示意图

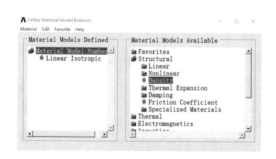

图 4-21 设置材料密度示意图

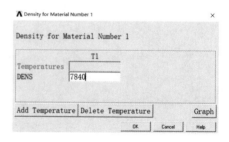

图 4-22 填写材料密度示意图

　　需要注意的是,点击定义好的材料属性可对材料的属性进行修改。点击〖Material〗→〖New Model〗可新建一种材料属性(见图 4-23)。

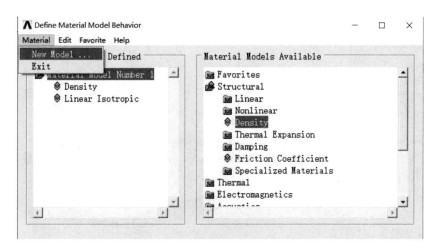

图 4 - 23　新建材料密度示意图

③ 网格划分。网格划分的具体操作步骤如下。第一步,选择〖Preprocessor〗→
〖Meshing〗→〖MeshTool〗(见图 4 - 24),点击〖Element Attributes〗右边的 set,在弹出的
〖Meshing Attributes〗对话框中选择定义好的单元属性、材料编号和坐标系统编号,点击
〖OK〗(见图4 - 25),弹出如图 4 - 26 所示的对话框。第二步,勾选〖Smart Size〗左边的方框,
表示进行智能网格划分,〖Smart Size〗下方左右箭头可以对网格划分的精密程度进行控制。
网格划分得过大,仿真结果会出现失真;网格划分得过小,计算机需要计算的数据量就会过
大。第三步,点击〖Meshtool〗选择要划分的物体(见图 4 - 27),在〖Mesh Volumes〗对话框中
点击〖OK〗(见图 4 - 28),即得网格划分后的模型(见图 4 - 29)。

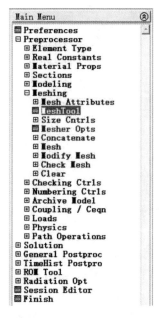

图 4 - 24　网格划分示意图

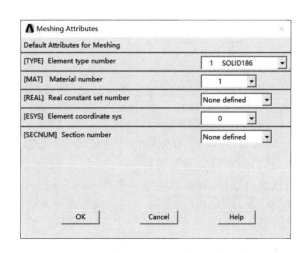

图 4 - 25　〖Meshing Attributes〗对话框

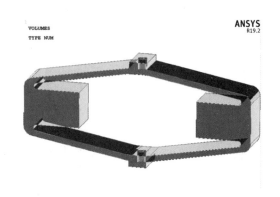

图 4-26　〚MeshTool〛对话框　　　　图 4-27　选择网格划分模型示意图

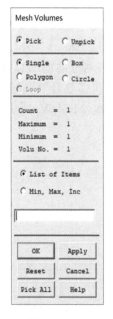

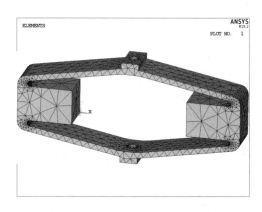

图 4-28　〚Mesh Volumes〛对话框　　　　图 4-29　网格划分后的模型示意图

④ 定义边界条件。首先对物体施加约束,先选中要施加约束的面,再选择施加约束面上的点,最后对点进行施加约束。

对面进行选择:在菜单栏中点击〚Select〛→〚Entities〛,弹出〚Select Entities〛对话框,在下拉列表中选择〚Areas〛和〚By Num/Pick〛,点击要选择的面,再点击〚OK〛,完成面的选择(见图 4-30)。

对点进行选择:在菜单栏中点击〚Select〛→〚Entities〛,弹出〚Select Entities〛对话框,在下拉列表中选择〚Nodes〛、〚Attached to〛和〚Areas,all〛,点击〚OK〛完成对面上点的选择(见

图 4 - 31)。其中,〚Attach to〛和〚Areas,all〛表示需要选择的点与已经选择的面上的点相关联。需要注意的是,在菜单栏中选择〚Plot〛→〚Nodes〛可以显示已经被选中的节点(见图 4 - 32)。

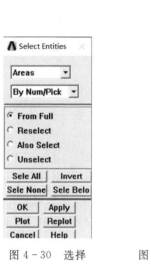

图 4 - 30　选择　　　　　图 4 - 31　关联面上的　　　　　图 4 - 32　显示已经被
　实体示意图　　　　　　　　点示意图　　　　　　　　　选中的节点示意图

对点进行施加约束:点击〚Loads〛→〚Define Loads〛→〚Apply〛→〚Structural〛→〚Displacement〛→〚On Nodes〛对点施加约束(见图 4 - 33);在〚Apply U,ROT on Nodes〛对话框(见图 4 - 34)中选择〚Pick All〛,得到如图 4 - 35 所示的界面,选择〚All DOF〛表示 X 轴、Y 轴、Z 轴所有自由度,〚VALUE Displacement value〛不填写,默认为零,即 X 轴、Y 轴、Z 轴所有自由度被约束,点击〚OK〛(见图 4 - 35)即完成约束,得到图 4 - 36;点击〚Plot〛→〚Elements〛可以显示模型。

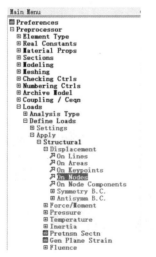

图 4 - 33　对点施加约束　　　　图 4 - 34　〚Apply U,ROT
　　　　　　　　　　　　　　　　　　on Nodes〛对话框

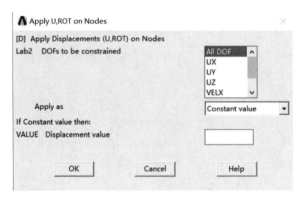

图 4 - 35　设置约束　　　　　　　　图 4 - 36　完成约束

⑤ 对物体施加力。对物体施加力与施加载荷的方式类似,先选中要施加力的表面,再选中表面上的节点,最后对节点施加力。对物体施加力的具体操作步骤:在菜单栏中点击〖Select〗→〖Entities〗,弹出〖Select Entities〗对话框,在下拉列表中选择〖Areas〗和〖By Num/Pick〗,点击〖OK〗(见图 4 - 37)。选择要施加力的表面(见图 4 - 38),并在〖Select areas〗对话框点击〖OK〗(见图 4 - 39)。在菜单栏中点击〖Select〗→〖Entities〗,弹出〖Select Entities〗对话框,在下拉列表中选择〖Nodes〗、〖Attached to〗和〖Areal,all〗,点击〖OK〗完成对面上节点的选择。需要注意的是,在菜单栏中点击〖Plot〗→〖Nodes〗可以显示选中的节点(见图 4 - 40)。在菜单栏中点击〖Preprocessor〗→〖Loads〗→〖Define Loads〗→〖Apply〗→〖Structural〗→〖Pressure〗→〖On Nodes〗,在弹出的〖Apply PRES on Nodes〗对话框中点击〖Pick All〗(见图 4 - 41)。在弹出的〖Apply PRES on nodes〗对话框中选择〖Constant value〗,并在〖VALUE Load PRES value〗中填写压强的大小,点击〖OK〗(见图 4 - 42)。根据需要施加的力的数值可以计算出需要施加压强的大小 $P = \dfrac{F}{S} = \dfrac{3000 \text{ N}}{12 \text{ mm} \times 12 \text{ mm}} = \dfrac{3000 \times 10^6}{144}$ Pa,施加力后的节点示意图如图 4 - 43 所示。

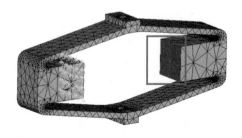

图 4 - 37　选择实体示意图　　　　　　图 4 - 38　选择表面示意图

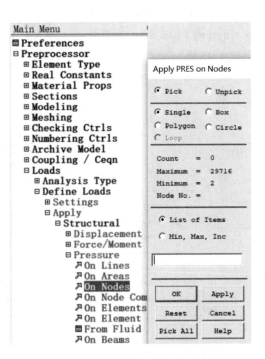

Select areas

◉ Pick　　○ Unpick

◉ Single　○ Box
○ Polygon　○ Circle
○ Loop

Count　　=　1
Maximum　=　42
Minimum　=　1
Area No. =　16

◉ List of Items

○ Min, Max, Inc

OK	Apply
Reset	Cancel
Pick All	Help

图 4 - 39
〖Select areas〗对话框

图 4 - 40　显示选中的
节点示意图

Main Menu
▣ Preferences
⊟ Preprocessor
　⊞ Element Type
　⊞ Real Constants
　⊞ Material Props
　⊞ Sections
　⊞ Modeling
　⊞ Meshing
　⊞ Checking Ctrls
　⊞ Numbering Ctrls
　⊞ Archive Model
　⊞ Coupling / Ceqn
　⊟ Loads
　　⊞ Analysis Type
　　⊟ Define Loads
　　　⊞ Settings
　　　⊟ Apply
　　　　⊟ Structural
　　　　　⊞ Displacement
　　　　　⊞ Force/Moment
　　　　　⊟ Pressure
　　　　　　↗ On Lines
　　　　　　↗ On Areas
　　　　　　↗ On Nodes
　　　　　　↗ On Node Com
　　　　　　↗ On Elements
　　　　　　↗ On Element
　　　　　　▣ From Fluid
　　　　　　↗ On Beams

Apply PRES on Nodes

◉ Pick　　○ Unpick

◉ Single　○ Box
○ Polygon　○ Circle
○ Loop

Count　　=　0
Maximum　=　29716
Minimum　=　2
Node No. =

◉ List of Items

○ Min, Max, Inc

OK	Apply
Reset	Cancel
Pick All	Help

图 4 - 41　施加压力示意图

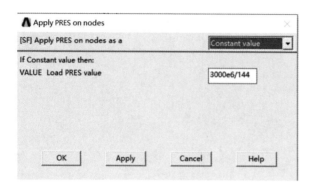

图 4-42 设置力及其大小示意图

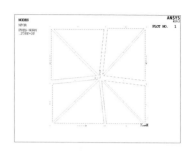

图 4-43 施加力后的
节点示意图

需要注意的是,若不在菜单栏中点击〖Select〗→〖Everything〗,则 ANSYS 软件在求解过程中会出现闪退的现象。

(5)进行求解,综合在前处理模块施加的条件对结构进行有限元求解。

① 定义仿真类型。点击〖Solution〗→〖Analysis Type〗→〖New Analysis〗(见图 4-44),在弹出的〖New Analysis〗对话框中选择〖Static〗(见图 4-45)。

② 点击〖Solution〗→〖Solve〗→〖Current LS〗(见图 4-46),在弹出的〖Solve Current Load Step〗对话框中点击〖OK〗(见图 4-47),进行求解。

③ 求解成功后,会出现〖Solution is done〗提示,点击〖Close〗关闭即可(见图 4-48)。

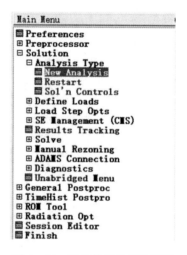

图 4-44 定义仿真类型示意图

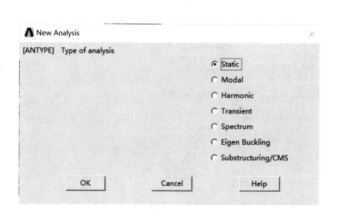

图 4-45 选择仿真类型示意图

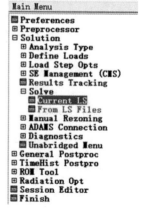

图 4-46 求解示意图

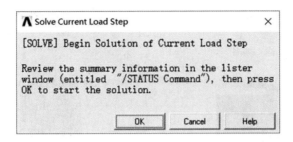

图 4 - 47 〖Solve Current Load Step〗对话框

图 4 - 48 求解完成示意图

（6）进行后处理阶段：查看仿真结果。

① 查看形变结果。

点击〖General Postproc〗→〖Plot Results〗→〖Nodal Solu〗（见图 4 - 49）查仿真结果。

在弹出的〖Contour Nodal Solution Data〗对话框中点击〖Nodal Solution〗→〖DOF Solution〗→〖Displacement vector sum〗查看结构形变情况（见图 4 - 50 和图 4 - 51）。在对话框中，〖Undisplaced shape key〗选择〖Deformed shape with undeformed edge〗可同时显示形变前和形变后结构的轮廓，这将有利于后期对比。

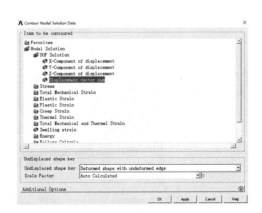

图 4 - 49 查看仿真结果示意图　　　　图 4 - 50 查看结构形变情况示意图

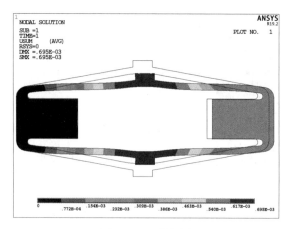

图 4-51 形变图

在〖Contour Nodal Solution Data〗对话框中点击〖Nodal Solution〗→〖DOF Solution〗→〖X-Component of displacement〗查看 X 轴方向的结构形变(见图 4-52 和图 4-53)。

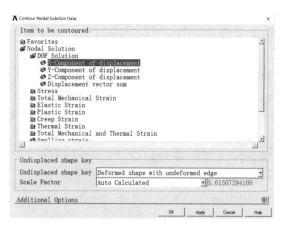

图 4-52 X 轴方向的结构形变示意图

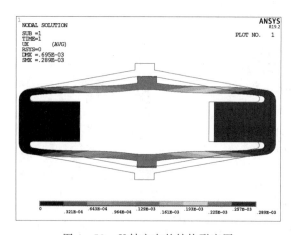

图 4-53 X 轴方向的结构形变图

需要注意的是,在形变图中 DMX 表示结构的最大位移;SMN 表示选择查看方向的最小位移。图 4 - 53 中 SMN 表示 X 轴方向的最小位移;SMX 表示 X 轴方向的最大位移。从图 4 - 53 可以看出,X 轴最大位移 U_x 为 0. 289 mm。因此,在 3000 N 预压力下,需要将位移放大机构撑开 0. 289 mm。由此可计算出输入端刚度 $K = \dfrac{F}{x} = \dfrac{3000 \text{ N}}{0.289 \text{ mm}} \approx 1.04 \times 10^7$ N/m。

在〖Contour Nodal Solution Data〗对话框中点击〖Nodal Solution〗→〖DOF Solution〗→〖Y-Component of displacement〗查看 Y 轴方向的结构形变(见图 4 - 54)。

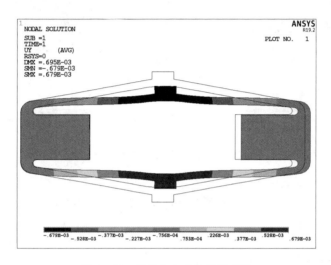

图 4 - 54　Y 轴方向的结构形变图

图 4 - 54 中 SMX 表示 Y 轴方向的最大位移,从图 4 - 54 可以看出,Y 轴最大位移 U_y 为 0. 679 mm,从而可以计算出放大比 $A = \dfrac{U_y}{U_x} \times 2 = \dfrac{0.679}{0.289} \times 2 \approx 4.70$。

② 查看应力是否在许用范围。

点击〖General Postproc〗→〖Plot Results〗→〖Nodal Solu〗查看仿真结果。

在弹出的〖Contour Nodal Solution Data〗对话框中点击〖Nodal Solution〗→〖Stress〗→〖X-Component of stress〗,再点击〖OK〗查看 X 轴方向的应力(见图 4 - 55 和图 4 - 56)。

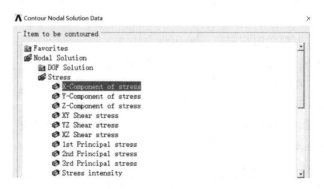

图 4 - 55　查看 X 轴方向的应力示意图

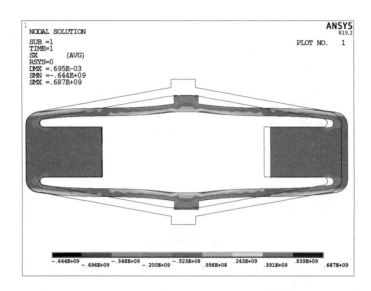

图 4-56 X 轴方向的应力图

图 4-56 中 SMX 表示所选方向最大应力为 6.87×10^8 Pa（图 4-56 中显示为 "SMX=.687E+09"），这一数值小于锰钢的疲劳应力极限 7.85×10^8 Pa，因此位移放大机构的应力在材料允许范围内。

4.2.2 ANSYS 软件模态分析

模态分析常用于振动分析中，通过模态分析可以确定结构的固有振动特性，每一个模态都有其特有的固有频率、阻尼比以及振型。通过模态分析获得固有频率，可以在设计结构时避免共振现象，也可以利用共振增大输出位移进行运动，还可以采用动画的方式形象地说明结构是如何响应载荷的。

模态分析有以下 6 种方法。

（1）缩减法：选择重要的节点作为自由度定义结构的质量矩阵和刚度矩阵来求出固有频率和振型。这种方法虽然求解速度快，但是结果并不准确。

（2）子空间迭代法：该种方法的结果准确。但是，因为其通常在大型结构中使用，所以运算速度较慢。

（3）阻尼法：结构中包含阻尼时可以使用该方法。

（4）分块兰索斯法：该方法用于结构对称的质量和刚度矩阵。

（5）不对称法：该方法用于结构不对称的质量和刚度矩阵。

（6）快速动力法：该方法用于求解大型结构的前几阶模态。

本节对未安装压电叠堆的菱形位移放大机构进行模态分析有如下目的：获取菱形位移放大机构两端自由的典型振型和频率；获取菱形位移放大机构一端自由、另一端被约束的振型和频率，并与前者对比，分析频率相差原因。

1. 对菱形位移放大机构两端自由的情况进行模态仿真

菱形位移放大机构示意图如图 4-57 所示。

图 4 - 57　菱形位移放大机构示意图

模态仿真的具体操作步骤如下。

(1)按照静力学分析步骤(1)和步骤(2),将在 UG 软件建立好的模型导入 ANSYS 软件中。

(2)对结构的显示方式进行更改并进行前处理。按照静力学分析步骤(4),完成前处理模块,包括定义单元类型、定义材料属性,并对结构进行网格划分(见图 4 - 58～图 4 - 61)。

图 4 - 58　定义单元类型示意图

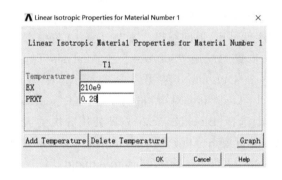

图 4 - 59　设置杨氏模量和泊松比示意图

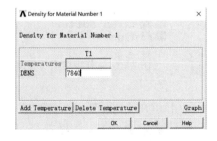

图 4 - 60　设置密度示意图

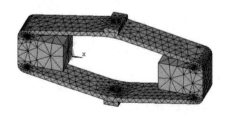

图 4 - 61　网格划分示意图

（3）进行求解。

定义仿真类型：点击〖Solution〗→〖Analysis Type〗→〖New Analysis〗，在弹出的〖New Analysis〗对话框中选择〖Modal〗（见图 4 - 62 和图 4 - 63）。

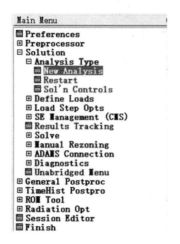

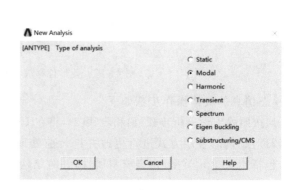

图 4 - 62　定义仿真类型　　　　　　　　　图 4 - 63　选择仿真类型

一个系统的谐振频率理论上是无穷多个，有各种模态、各种频率，但是因为计算能力有限，计算机不可能计算无穷个模量，也没有必要计算无穷个模态，所以我们只需要计算一定数量即可，一旦达到这个数量，程序就结束，返回结果。本节计算 10 阶模态。具体操作步骤：①点击〖Solution〗→〖Analysis Type〗→〖Analysis Options〗（见图 4 - 64）。②在弹出的〖Modal Analysis〗对话框中，〖Mode extraction method〗选择〖Block Lanczos〗，即使用分块兰索斯法对结构进行模态分析；〖No. of modes to extract〗填写〖10〗；〖NMODE No. of modes to expand〗填写〖10〗，即表示对结构分析的阶数为 10；点击〖OK〗（见图 4 - 65）。③在弹出的〖Block Lanczos Method〗对话框中，〖FREQB Start Freq(initial shift)〗填写开始分析的频率，〖FREQE End Frequency〗填写结束分析的频率，点击〖OK〗软件将分析二者之间（包括二者）的频率（见图 4 - 66）。④点击〖Select〗→〖Everything〗，再点击〖Solution〗→〖Solve〗→〖Current LS〗（见图 4 - 67），在弹出的〖Solve Current Load Step〗对话框中点击〖OK〗（见图 4 - 68），在弹出的〖Verify〗对话框中点击〖Yes〗（见图 4 - 69），进行求解。求解成功后，会出现〖Solution is done!〗提示，点击〖Close〗关闭即可（见图 4 - 70）。

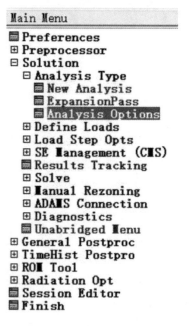

图 4 - 64　分析选项示意图

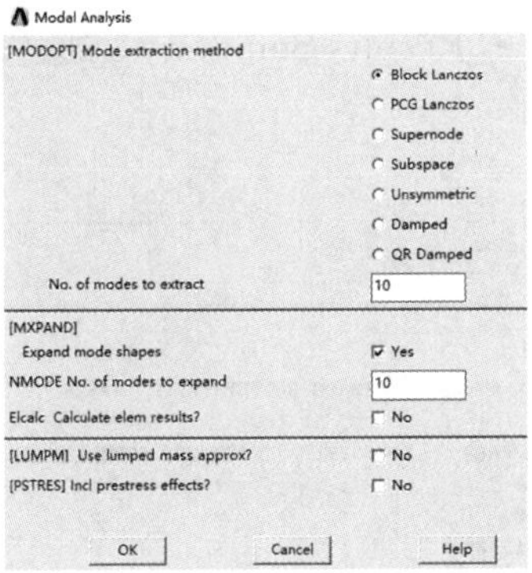

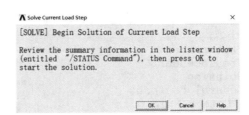

图 4 - 65 模态分析设置示意图 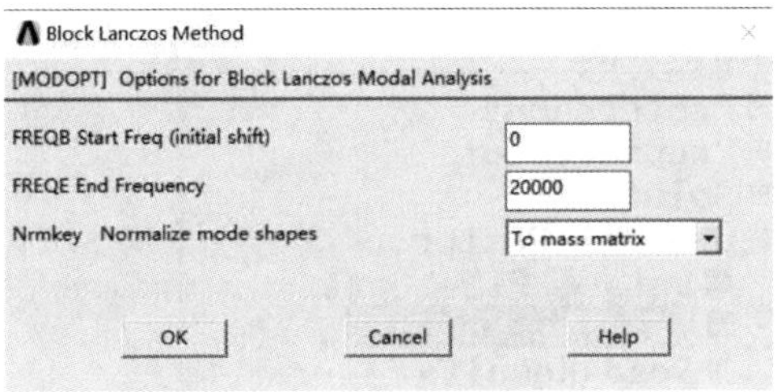   图 4 - 66 设置频率示意图

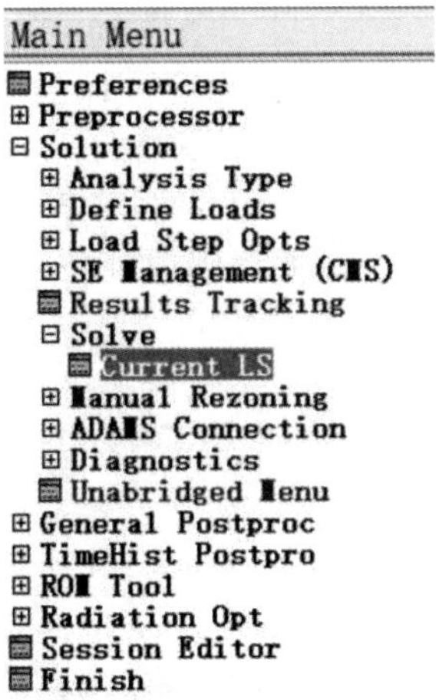

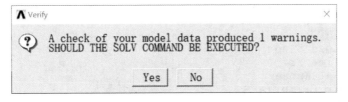

图 4 - 67 求解示意图   图 4 - 68 〖Solve Current Load Step〗对话框

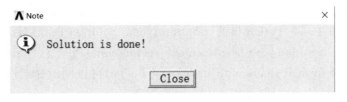

图 4 - 69 〖Verify〗对话框

图 4 - 70 求解完成示意图

（4）进行后处理阶段，查看仿真结果。

① 查看各阶数的总体结果：点击〖General Postproc〗→〖Results Summary〗，通过表格查看各阶对应的频率（见图 4-71 和图 4-72）。

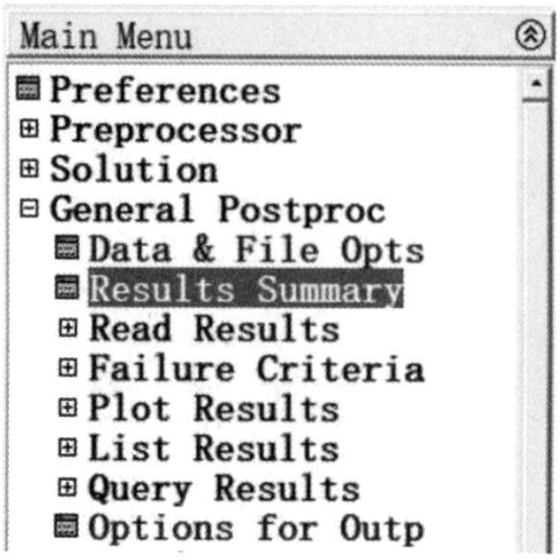

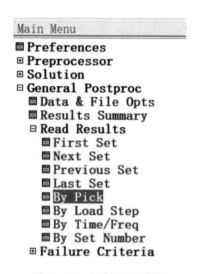

图 4-71　查看各阶数的总体结果示意图

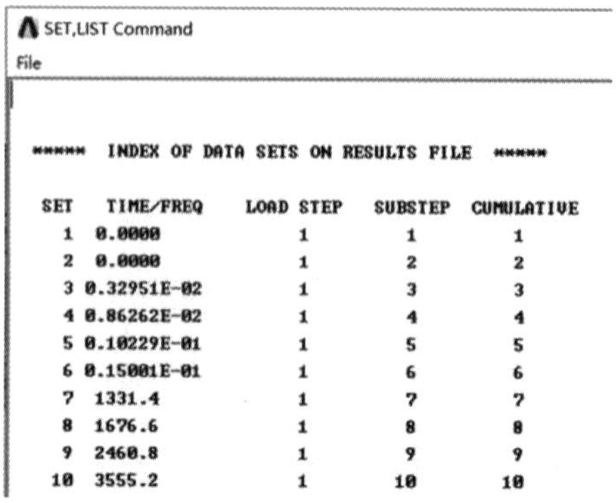

图 4-72　各阶频率示意图

② 选择需要查看的振型的阶数：点击〖General Postproc〗→〖Read Results〗→〖By Pick〗，选择想要观察的振型的阶数（见图 4-73）。如选择第一阶振型则选中〖Set〗为 1 的那一行，点击〖Read〗，再点击〖Close〗关闭即可（见图 4-74）。

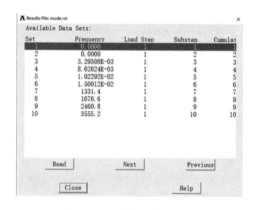

图 4-73　查看振型示意图

图 4-74　选择阶数示意图

③ 查看已选择阶数的振型：点击〖General Postproc〗→〖Plot Results〗→〖Contour Plot〗→〖Nodal Solu〗（见图 4-75）。在弹出的〖Contour Nodal Solution Data〗对话框中点击〖Nodal Solution〗→〖DOF Solution〗→〖Displacement vector sum〗查看总位移图，〖Undisplaced shape key〗选择〖Deformed shape with undeformed edge〗可以同时显示产生位移前的轮廓图和产生位移后的结构示意图（见图 4-76 和图 4-77）。

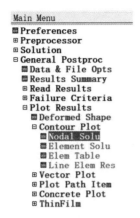

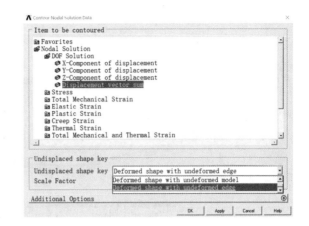

图 4 - 75　查看云图示意图　　　　　　　图 4 - 76　查看位移示意图

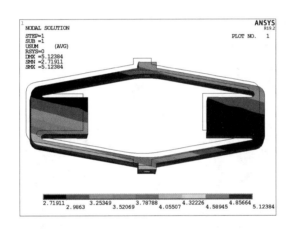

图 4 - 77　第一阶的振型示意图

　　用相同的方法选择需要查看的振型的阶数,可以查看其他阶数的振型。图 4 - 78～图 4 - 81分别为第三阶、第五阶、第七阶和第九阶的振型示意图。

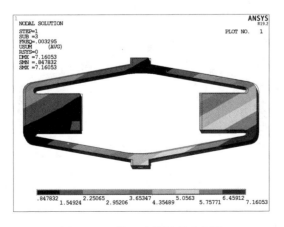

图 4 - 78　第三阶的振型示意图

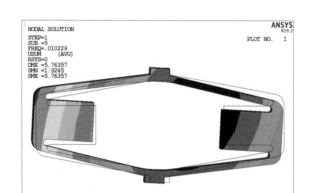

图 4-79　第五阶的振型示意图

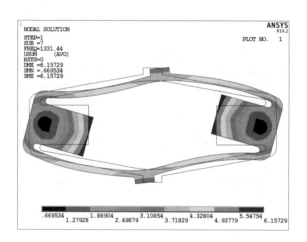

图 4-80　第七阶的振型示意图

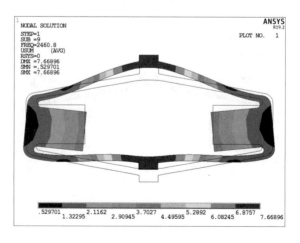

图 4-81　第九阶的振型示意图

2. 对菱形位移放大机构一端自由、一端被约束的情况进行模态仿真

菱形位移放大机构示意图如图 4-57 所示。模态仿真的具体操作步骤如下。

(1)按照静力学分析步骤(1)和步骤(2),将在 UG 建立好的模型导入 ANSYS 软件中。

(2)对结构的显示方式进行更改并进行前处理。①按照静力学分析步骤(4),完成前处理模块,包括定义单元类型、定义材料属性,并对结构进行网格划分(见图 4-58～图 4-61)。②对结构施加约束:首先选择需要施加约束的面,再选择面上的节点,最后对节点施加约束。具体操作步骤:第一步,点击〖Select〗→〖Entities〗,在弹出的〖Select Entities〗对话框中选择〖Area〗和〖By Num/Pick〗,点击〖OK〗(见图 4-82);第二步,选择需要选择约束的面,在弹出的〖Select areas〗对话框中点击〖OK〗完成对面的选择(见图 4-83 和图 4-84);第三步,选择面上的节点,点击〖Select〗→〖Entities〗,在弹出的〖Select Entities〗对话框中选择〖Nodes〗、〖Attach to〗和〖Areas,all〗,点击〖OK〗完成对面上节点的选择,点击〖Plot〗→〖Nodes〗可显示选中的节点

图 4-82　选择实体示意图

(见图 4-85 和图 4-86);第四步,对节点施加约束,点击〖Preprocessor〗→〖Loads〗→〖Define Loads〗→〖Apply〗→〖Structural〗→〖Displacement〗→〖On Nodes〗(见图4-87),在弹出的〖Apply U,ROT on Nodes〗对话框中点击〖Pick All〗,在弹出的界面中的〖Lab2 DOFs to be constrained〗处选择〖All DOF〗表示 X 轴、Y 轴、Z 轴所有自由度,〖VALUE Displacement value〗不填写,默认为零,即表示 X 轴、Y 轴、Z 轴所有自由度被约束,点击〖OK〗(见图 4-88 和 4-89);第五步,显示结构示意图,点击〖Plot〗→〖Elements〗可以显示被约束后的结构示意图(见图 4-90)。

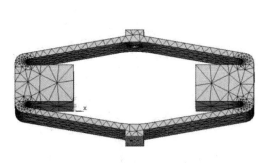

图 4-83　选择表面示意图

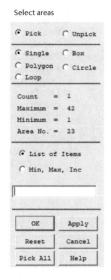

图 4-84　〖Select areas〗对话框

图 4 - 85　关联选中
面上的节点示意图

图 4 - 86　显示节点示意图

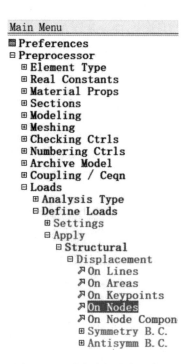

图 4 - 87　对点施加约束示意图

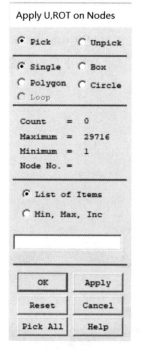

图 4 - 88　〖Apply U,
ROT on Nodes〗对话框

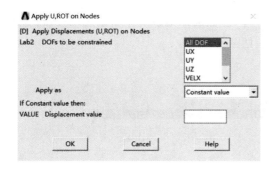
图 4-89　设置约束示意图

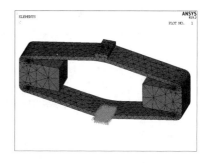
图 4-90　被约束后的结构示意图

（3）进行求解。

定义仿真类型：点击〖Solution〗→〖Analysis Type〗→〖New Analysis〗，在弹出的〖New Analysis〗对话框中选择〖Modal〗（见图 4-62 和图 4-63）。具体操作步骤：①点击〖Solution〗→〖Analysis Type〗→〖Analysis Options〗（见图 4-64）。②在弹出的〖Modal Analysis〗对话框中，〖Mode extraction method〗选择〖Block Lanczos〗；〖No. of modes to extract〗填写〖10〗；〖NMODE No. of modes to expand〗填写〖10〗；点击〖OK〗（见图 4-65）。③在弹出的〖Block Lanczos Method〗对话框中，〖FREQB Start Freq(initial shift)〗填写开始分析的频率，〖FREQE End Frequency〗填写结束分析的频率，点击〖OK〗软件将分析二者之间（包括二者）的频率（见图 4-66）。④点击〖Select〗→〖Everything〗，再点击〖Solution〗→〖Solve〗→〖Current LS〗（见图 4-67），在弹出的〖Solve Current Load Step〗对话框中点击〖OK〗（见图 4-68），在弹出的〖Verify〗对话框中点击〖Yes〗（见图 4-69），进行求解。求解成功后，会出现〖Solution is done!〗提示，点击〖Close〗关闭即可（见图 4-70）。

（4）进行后处理阶段，查看仿真结果。

①查看各阶数的总体结果：点击〖General Postproc〗→〖Results Summary〗，通过表格查看各阶对应的频率（见图 4-71 和图 4-91）。

```
A SET,LIST Command

File

***** INDEX OF DATA SETS ON RESULTS FILE *****

SET     TIME/FREQ    LOAD STEP    SUBSTEP    CUMULATIVE
  1      321.23          1           1            1
  2      546.60          1           2            2
  3      597.95          1           3            3
  4      1110.5          1           4            4
  5      1546.6          1           5            5
  6      2141.0          1           6            6
  7      3240.0          1           7            7
  8      5181.8          1           8            8
  9      5606.5          1           9            9
 10      7309.3          1          10           10
```

图 4-91　各阶频率示意图

② 选择需要查看的振型的阶数：点击〖General Postproc〗→〖Read Results〗→〖By Pick〗，选择想要观察的振型的阶数（见图4-73）。如选择第一阶振型则选中〖Set〗为1的那一行，点击〖Read〗，再点击〖Close〗关闭即可（见图4-92）。

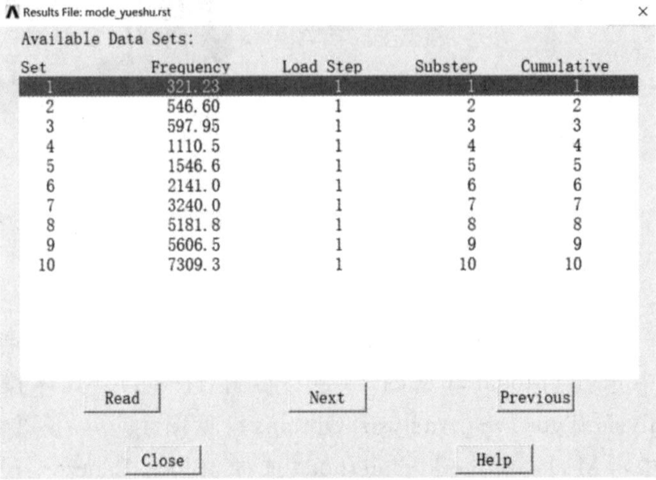

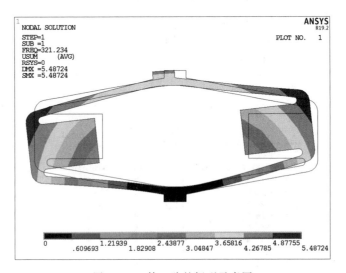

图4-92 选择阶数示意图

③ 查看已选择阶数的振型：点击〖General Postproc〗→〖Plot Results〗→〖Contour Plot〗→〖Nodal Solu〗（见图4-75）。在弹出的〖Contour Nodal Solution Data〗对话框中点击〖Nodal Solution〗→〖DOF Solution〗→〖Displacement vector sum〗查看总位移图，〖Undisplaced shape key〗选择〖Deformed shape with undeformed edge〗可以同时显示产生位移前的轮廓图和产生位移后的结构示意图（见图4-76和图4-93）。

图4-93 第一阶的振型示意图

用相同的方法选择需要查看的振型的阶数，可以查看其他阶数的振型。图4-94～图4-97分别为第三阶、第五阶、第七阶和第九阶的振型示意图。

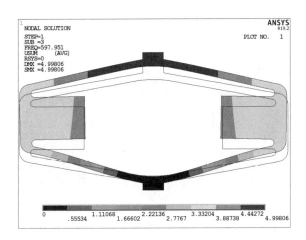

图 4-94 第三阶的振型示意图

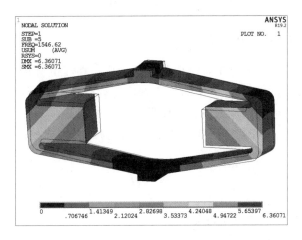

图 4-95 第五阶的振型示意图

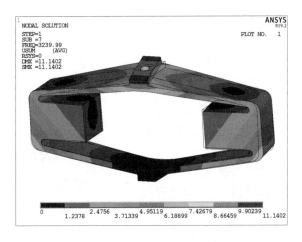

图 4-96 第七阶的振型示意图

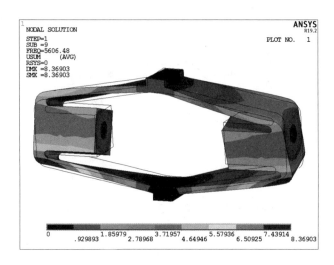

图 4-97　第九阶的振型示意图

4.2.3　ANSYS 软件谐响应分析

谐响应分析描述了一个结构在简谐载荷下的响应。在压电分析中,施加的载荷就是电压,谐响应分析就是在给予频率下电压的稳态响应。以图 4-98 所示的菱形位移放大机构示意图为例,ANSYS 软件谐响应分析的具体操作步骤如下。

(1)在 UG 软件中建立好装有压电叠堆的菱形位移放大机构的模型,并导入 ANSYS 软件中(见图 4-99)。

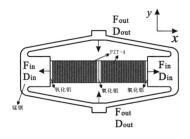

图 4-98　菱形位移放大机构示意图

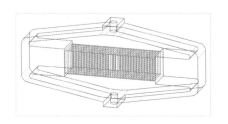

图 4-99　模型导入 ANSYS 软件示意图

(2)对显示方式进行更改。点击〖PlotCtrls〗→〖Style〗→〖Solid Model Facets〗,将轮廓线改为实体图形。点击〖Plot〗→〖Replot〗,显示实体图形(见图 4-100)。

由于该实体图形由多个零件组成,为了让仿真中每个零件的分界面具有连续性,需在前处理前对整个实体进行 Glue 操作,将其粘成一个整体。Glue 操作的具体步骤:点击〖Preprocessor〗→〖Modeling〗→〖Operate〗→〖Booleans〗→〖Glue〗→

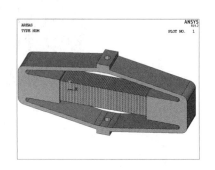

图 4-100　更改显示方式

〖Volumes〗,在弹出的〖Glue Volumes〗对话框中点击〖Pick All〗完成操作(见图 4 - 14 和图 4 - 15)。

(3)进入前处理模块,定义单元类型、定义材料属性、定义坐标系、网格划分、约束和耦合电极。

① 定义单元类型。对于压电陶瓷材料采用 SOLID226 单元类型,对于锰钢和氧化铝采用 SOLID186 单元类型。具体操作步骤:第一步,点击〖Preprocessor〗→〖Element Types〗→〖Add/Edit/Delete〗,在弹出的〖Element Types〗对话框中点击〖Add〗,选择〖Coupled Field〗和〖Brick 20node 226〗,点击〖OK〗(见图 4 - 16 和图 4 - 17)。第二步,在〖Element Types〗对话框中选择〖Type 1〗,点击〖Options〗(见图 4 - 101),在弹出的〖SOLID226 element type options〗对话框中,〖Analysis Type K1〗选择〖Electroelast/Piezoelectric〗,点击〖OK〗(见图 4 - 102)。点击图 4 - 103 中的〖Add〗可以添加其他类型的单元类型。

图 4 - 101　添加或删除单元类型示意图

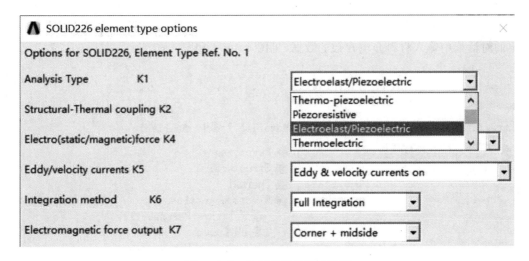

图 4 - 102　选择单元类型示意图

② 定义材料属性。定义压电陶瓷材料属性的具体操作步骤如下。

第一步,点击〖Preprocessor〗→〖Material Props〗→〖Material Models〗,在弹出的〖Define Material Model Behavior〗对话框的〖Material Model Define〗中点击〖Material Model Number1〗,在〖Material Models Available〗中点击〖Structural〗→〖Density〗,在弹出的〖Density for Material Number 1〗对话框的〖DENS〗中填写〖7500〗,点击〖OK〗。压电陶瓷材

料还需输入其介电常数矩阵、压电常数矩阵和刚
度矩阵,查阅资料得 PZT4 材料的介电常数矩阵

$$[\varepsilon_r] = \begin{pmatrix} 804.6 & 0 & 0 \\ 0 & 804.6 & 0 \\ 0 & 0 & 659.7 \end{pmatrix}$$,PZT4 材料的压

电常数矩阵$[e] = \begin{pmatrix} 0 & 0 & -4.1 \\ 0 & 0 & -4.1 \\ 0 & 0 & -4.1 \\ 0 & 0 & 0 \\ 0 & 10.5 & 0 \\ 10.5 & 0 & 0 \end{pmatrix}$ C/m^2,

PZT4 材料的刚度矩阵$[C^E] =$

$$\begin{pmatrix} 13.2 & 7.1 & 7.3 & 0 & 0 & 0 \\ 7.1 & 13.2 & 7.3 & 0 & 0 & 0 \\ 7.3 & 7.3 & 11.5 & 0 & 0 & 0 \\ 0 & 0 & 0 & 3.0 & 0 & 0 \\ 0 & 0 & 0 & 0 & 2.6 & 0 \\ 0 & 0 & 0 & 0 & 0 & 2.6 \end{pmatrix} \times 10^{10} \text{ N/m}^2,$$

将这几个参数输入计算机中。

图 4 - 103　添加其他类型的单元类型示意图

　　第二步,设置材料介电常数。在〖Define Material Model Behavior〗对话框〖Material Models Available〗中点击〖Electromagnetics〗→〖Relative Permittivity〗→〖Orthotropic〗,在弹出的对话框中输入材料介电常数的数据(见图 4 - 104 和图 4 - 105)。

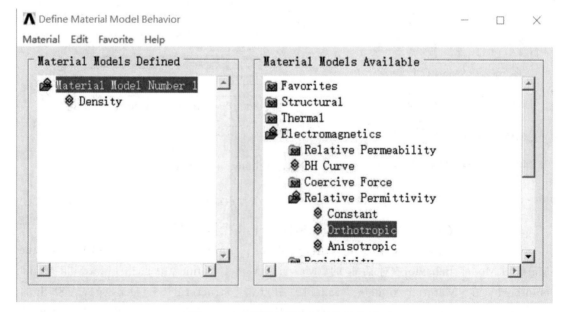

图 4 - 104　设置材料介电常数示意图

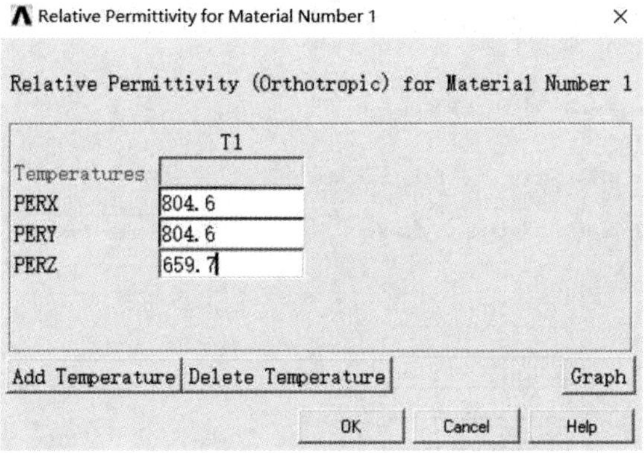

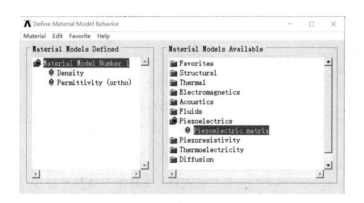

图 4 - 105　输入材料介电常数的数据示意图

第三步，设置材料压电常数。在〖Define Material Model Behavior〗对话框的〖Material Models Available〗中点击〖Piezoelectric〗→〖Piezoelectric matrix〗，在弹出的对话框中输入材料压电常数的数据（见图 4 - 106 和图 4 - 107）。

图 4 - 106　设置材料压电常数示意图

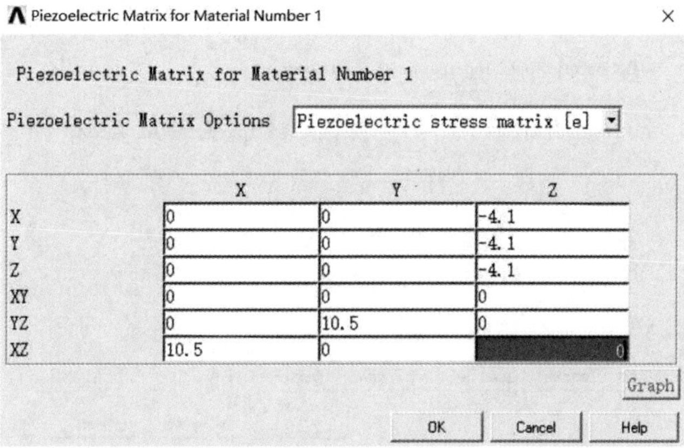

图 4 - 107　输入材料压电常数的数据示意图

第四步，设置刚度矩阵。点击〖Structural〗→〖Linear〗→〖Elastic〗→〖Anisotropic〗，在弹出的对话框中输入材料刚度的数据（见图4-108）。压电陶瓷材料参数设置完成。

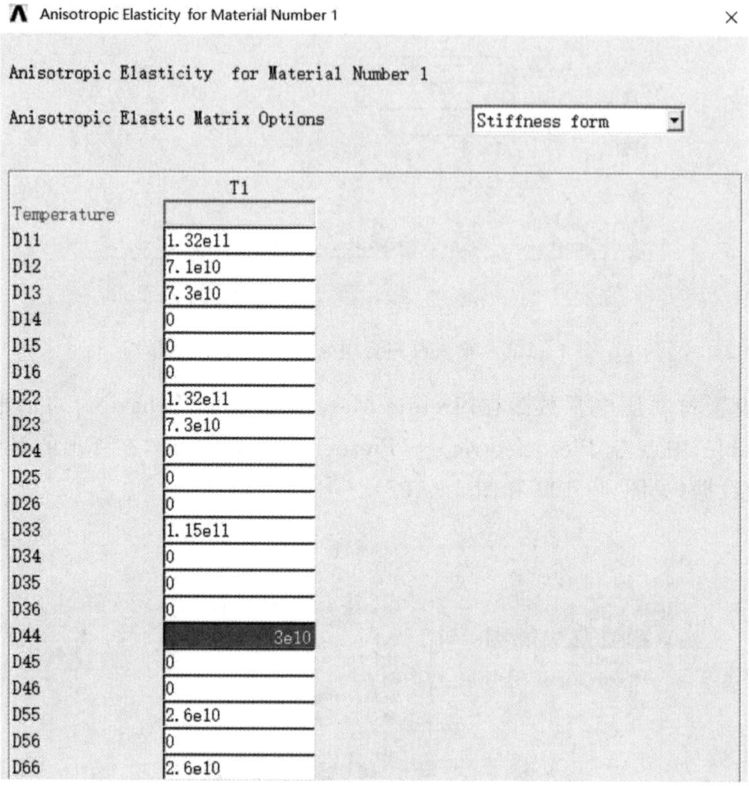

图4-108 设置刚度矩阵示意图

通过〖Material〗→〖New Model〗定义二锰钢材料属性的具体操作步骤：点击〖Structural〗→〖Linear〗→〖Elastic〗→〖Isotropic〗，在弹出的对话框中，〖EX〗后的输入框内输入〖2.1E+11〗，〖PRXY〗后的输入框内输入〖0.28〗，点击〖OK〗（见图4-109）。点击〖Structural〗→〖Density〗，在弹出的对话框中，〖DENS〗后的输入框内输入〖7840〗，点击〖OK〗（见图4-110）。

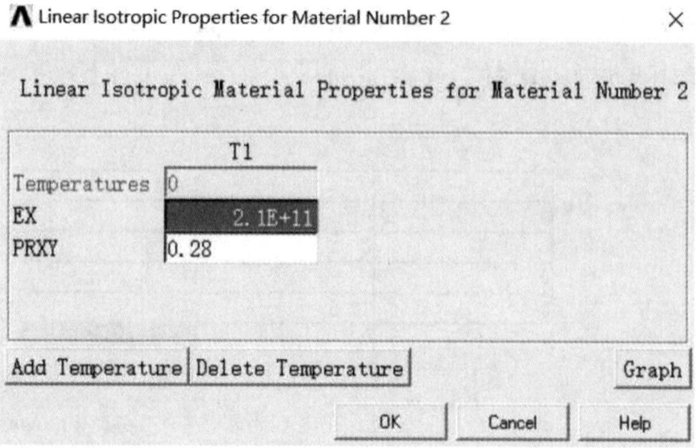

图4-109 设置杨氏模量和泊松比示意图

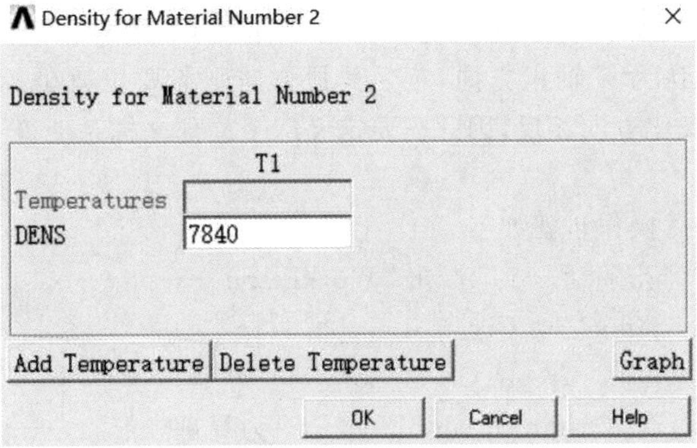

图 4 - 110　设置密度示意图

通过〖Material〗→〖New Model〗定义三氧化铝材料属性的具体操作步骤：点击〖Structural〗→〖Linear〗→〖Elastic〗→〖Isotropic〗，在弹出的对话框中，〖EX〗后的输入框内输入〖300e9〗，〖PRXY〗后的输入框内输入〖0.2〗，点击〖OK〗(见图 4 - 111)；点击〖Structural〗→〖Density〗，在弹出的对话框中，〖DENS〗后的输入框内输入〖3700〗，点击〖OK〗(见图 4 - 112)。

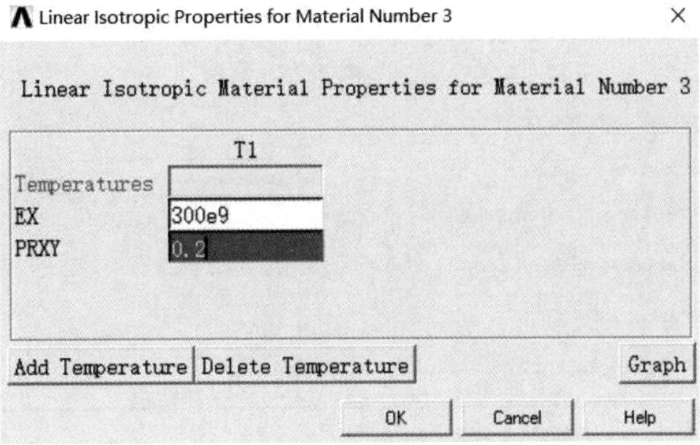

图 4 - 111　设置杨氏模量和泊松比示意图

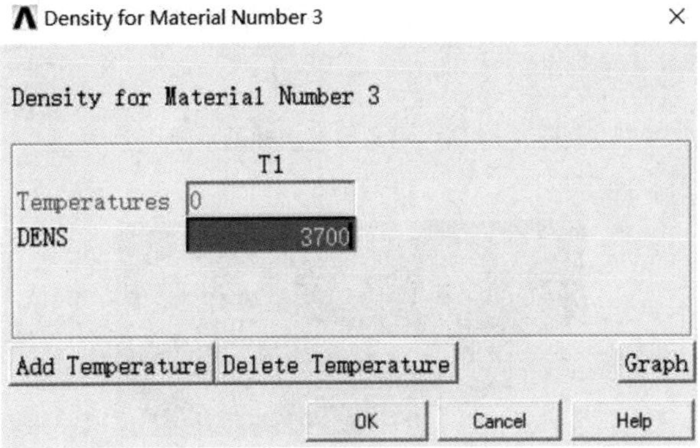

图 4 - 112　设置密度示意图

③ 定义坐标系(电极极化方向)。

在实际装配和电气连接中,压电陶瓷的极化方向十分重要。在 ANSYS 软件分析中,压电陶瓷的极化方向默认为 Z 轴正方向,若是其他方向则需要更改坐标系。如图 4-113 所示,相邻压电陶瓷的极化方向相反,因此需要定义两个局部坐标系使得 Z 轴方向正好为压电陶瓷的极化方向。

定义坐标系的具体操作步骤如下。

第一步,定义局部坐标系 11。点击〖WorkPlane〗→〖Local Coordinate Systems〗→〖Create Local CS〗→〖At Specified Loc〗,选择原点在〖Create CS at Location〗界面,点击〖OK〗。〖XC,YC,ZC Origin of coord system〗为局部坐标系原点相对于原来坐标系的坐标,在其后的输入框内分别输入 0,0.001,0.006;THXY,THYZ,THZX 分别表示了绕 Z 轴、X 轴和 Y 轴旋转的角度,其正向为 XY、YZ、ZX,为了压电陶瓷极化方向为 Z 轴,在〖THZX Rotation about local Y〗后的输入框内输入〖90〗,点击〖OK〗,完成局部坐标系 11 的定义(见图 4-114 和图 4-115)。值得注意的是,局部坐标系的代号需要大于 10。

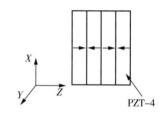

图 4-113 压电陶瓷极化方向示意图

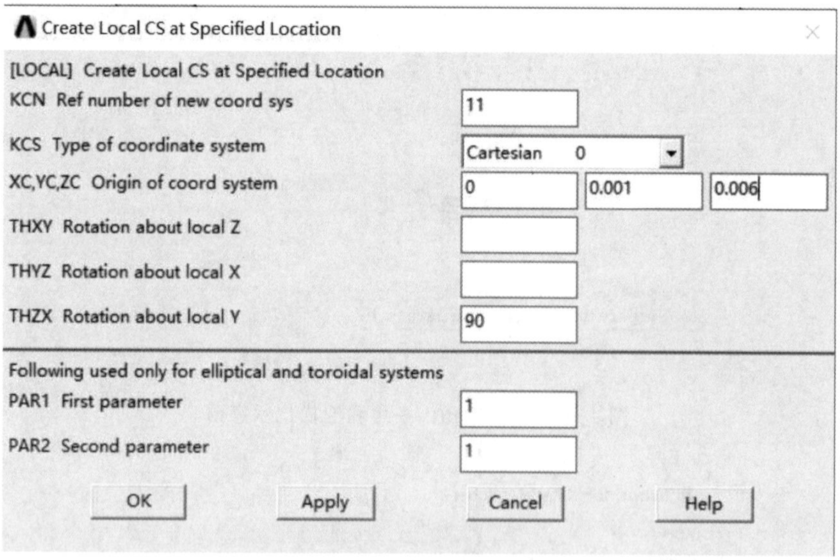

图 4-114 定义局部坐标系示意图

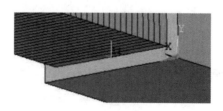

图 4-115 局部坐标系示意图

第二步,定义另一个局部坐标系。点击〖WorkPlane〗→〖Local Coordinate Systems〗→
〖Create Local CS〗→〖At Specified Loc〗,选择原点在〖Create CS at Location〗界面,点击
〖OK〗。〖XC,YC,ZC Origin of coord system〗为局部坐标系原点相对于原来坐标系的坐标,
在其后的输入框内分别输入 0,0.001,0.006;在〖THZX Rotation about local Y〗后的输入框
内输入〖-90〗,点击〖OK〗,定义好另一个极化方向(见图 4-116 和图 4-117)。

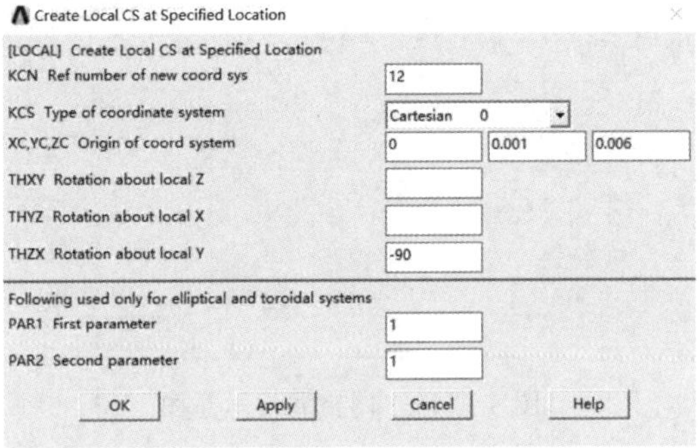

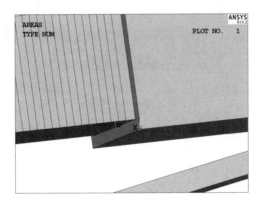

图 4-116　定义另一个局部坐标系示意图

图 4-117　另一个局部坐标系示意图

④ 网格划分。

由于不同的部分所使用的材料和单元类型不同,因
此需要分类划分网格。

对氧化铝材料进行网格划分的具体操作步骤:点击
〖Preprocessor〗→〖Meshing〗→〖MeshTool〗,在弹出的
对话框中点击〖Element Attributes〗右边的〖Set〗(见图
4-118)。在弹出的〖Meshing Attributes〗对话框中选择
氧化铝的单元属性、材料编号和坐标系编号,点击
〖OK〗(见图 4-119)。在〖MeshTool〗对话框中点击
〖Mesh〗,选择氧化铝材料的实体,在〖Mesh Volumes〗对
话框中点击〖OK〗,再点击〖Plot〗→〖Volumes〗显示出实
体(见图 4-120~图 4-122)。

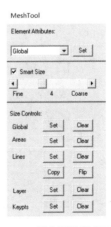

图 4-118　划分网格设置示意图

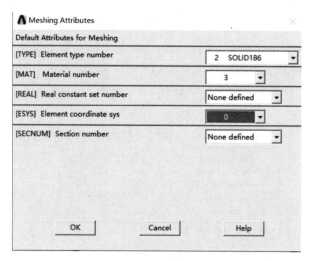

图 4-119　网格属性示意图

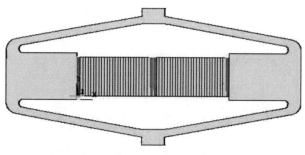

图 4-120　选择实体示意图

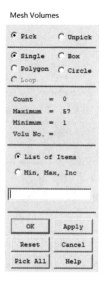

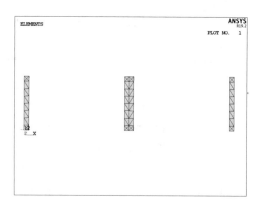

图 4-121　〖Mesh Volumes〗对话框　　　　图 4-122　显示划分后实体示意图

同理可以对压电陶瓷材料进行网格划分(见图 4-123～图 4-128)。值得注意的是,相邻的压电陶瓷极化方向不同,因此需要分两次对压电材料进行网格划分,每次划分网格的压电材料极化方向一致。

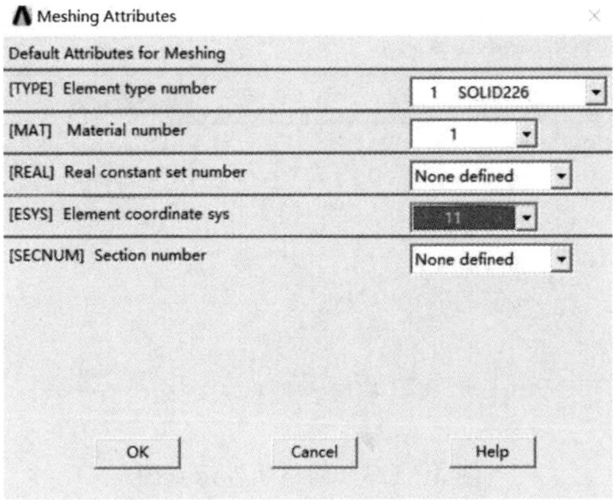

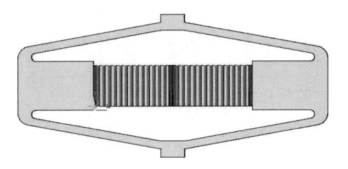

图 4-123　网格属性示意图

图 4-124　选择实体示意图

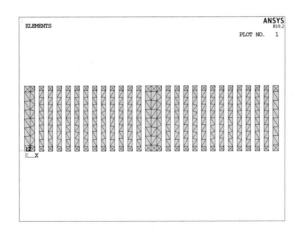

图 4-125　显示网格划分后实体示意图

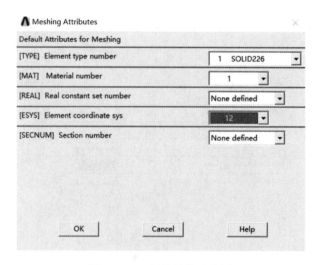

图 4 - 126　网格属性示意图

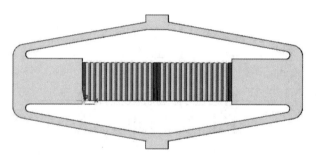

图 4 - 127　选择实体示意图

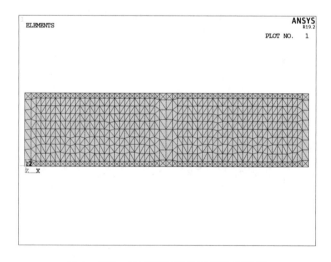

图 4 - 128　显示网格划分后实体示意图

同理可以对锰钢材料的实体进行网格划分(见图 4 - 129~图 4 - 131)。

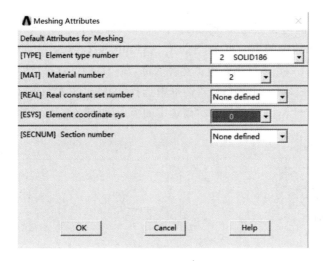

图 4 - 129 网格属性示意图

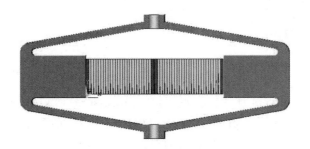

图 4 - 130 选择实体示意图

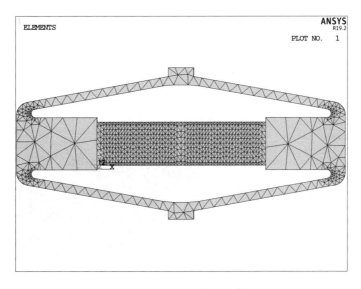

图 4 - 131 显示网格划分后实体示意图

⑤ 约束。

对菱形位移放大机构底部施加约束的具体操作步骤如下。

第一步，选中施加约束的点。点击〖Select〗→〖Entities〗，在〖Select Entities〗对话框中选择〖Areas〗、〖By Num/Pick〗，点击〖OK〗，单击选择底部，在〖Select areas〗对话框，点击〖OK〗。点击〖Select〗→〖Entities〗，在〖Select Entities〗对话框中选择〖Nodes〗、〖Attached to〗和〖Areas, all〗，点击〖OK〗。点击〖Plot〗→〖Replot〗可以显示被选中的节点（见图 4 - 132 和图 4 - 133）。

图 4 - 132　选择面示意图

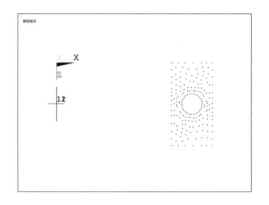

图 4 - 133　显示被选中的节点示意图

第二步，对选中的节点施加约束。点击〖Preprocessor〗→〖Loads〗→〖Define Loads〗→〖Apply〗→〖Structural〗→〖Displacement〗→〖On Nodes〗，在弹出的〖Apply U, ROT on Nodes〗对话框中点击〖Pick All〗。在弹出的对话框中，〖DOFs to be constrained〗选择〖All DOF〗表示 X 轴、Y 轴、Z 轴所有自由度，〖VALUE Displacement value〗不填写（默认为零）表示 X 轴、Y 轴、Z 轴所有自由度被约束，点击〖OK〗。点击〖Plot〗→〖Elements〗可以显示被约束后的结构示意图（见图 4 - 134 和图 4 - 135）。

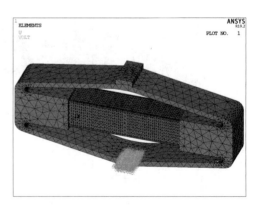

图 4 - 134　对节点施加约束示意图　　　　图 4 - 135　显示被约束后的结构示意图

⑥ 耦合电极。

上述步骤①～⑤是大部分非压电仿真所共同具有的部分，但耦合电极却是压电分析特有的部分。耦合电极实现了压电陶瓷每一层电极部分合理的电学连接。可以理解为把压电陶瓷电学连接部分表面上的每个节点约束其电压相等，这就与实际情况相当了。若不进行耦合，则会出现实际电学连接的部分电压不等的情况，这是不符合实际情况的。本仿真中压电陶瓷电学连接关系如下。

根据电学连接，仿真时需要将连接地的所有节点耦合起来，定义其电压为0(接地)；将连接 Vcc 的所有节点耦合起来，定义其电压为1(由于 ANSYS 软件分析为线性分析，因此只需将电压定义为1即可。如果实际电压为100，则在后处理中将应力或者应变的结果乘以100倍即可)。图 4-136 为堆叠极化方向排列示意图。

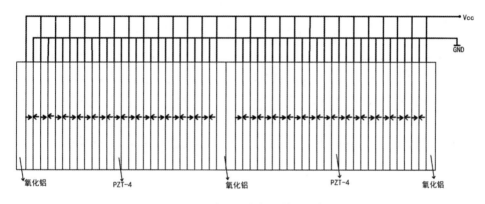

图 4-136　堆叠极化方向排列示意图

在耦合节点前应先激活局部坐标系 11。激活局部坐标系的具体操作步骤：点击〖WorkPlane〗→〖Change Active CS to〗→〖Specified Coord Sys〗(见图 4-137)。在弹出的〖Change Active CS to Specified CS〗对话框中，〖KCN Coordinate system number〗后的输入框内输入〖11〗(表示局部坐标系 11)，点击〖OK〗(见图 4-138)。在软件下方〖csys〗中会显示当时激活坐标系的代号(见图 4-139)。

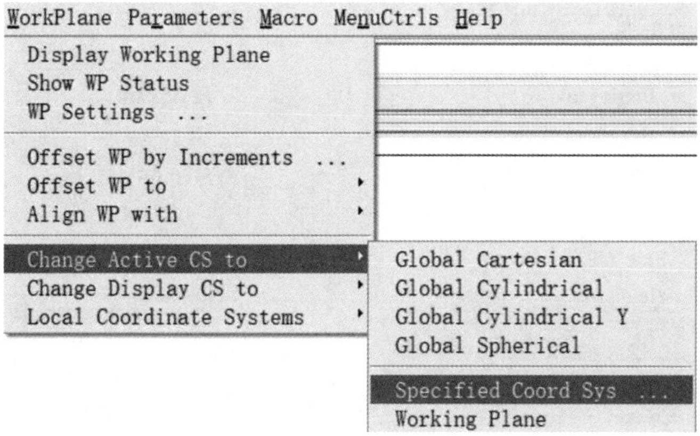

图 4-137　激活局部坐标系示意图

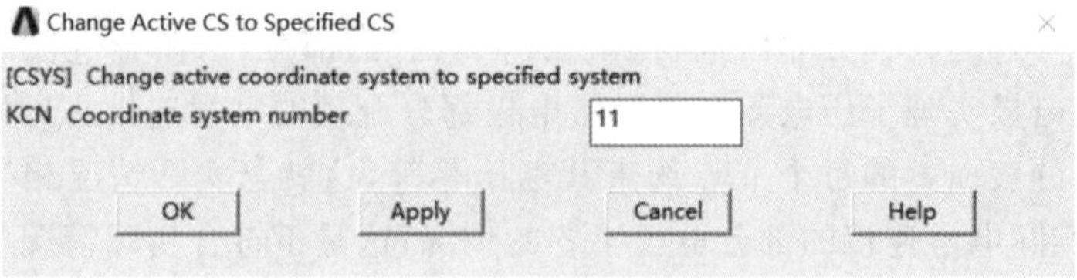

图 4-138　输入局部坐标系示意图

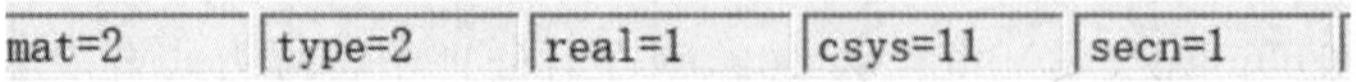

| mat=2 | type=2 | real=1 | csys=11 | secn=1 |

图 4-139　显示当前坐标系示意图

　　耦合电极的具体操作步骤如下。

　　第一步,耦合连接 Vcc 的所有节点。具体操作步骤:选择所有连接 Vcc 的节点,点击〖Select〗→〖Entities〗,在弹出的〖Select Entities〗对话框中选择〖Nodes〗、〖By Location〗和〖Z coordinates〗,在〖Min,Max〗下方的输入框内输入〖0.9e−3〗,点击〖Apply〗(见图 4-140)。其中,〖By Location〗表示通过坐标位置选择节点;〖Z coordinates〗表示 Z 坐标;〖Min,Max〗表示被选择坐标的最小值和最大值。这里填写的〖0.9e−3〗表示选择的 Z 坐标为 0.9 mm 的整个平面的节点。再将〖Min,Max〗改成〖2.3e−3〗,选择〖Also Select〗,点击〖Apply〗(见图 4-141 和图 4-142)。

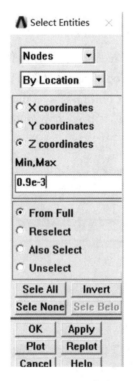

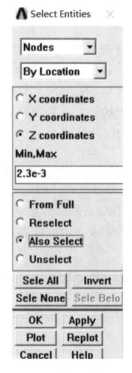

图 4-140　选择实体示意图　　　　图 4-141　选择实体示意图

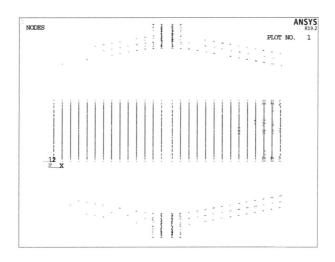

图 4-142　显示选中的实体示意图

　　由于这样选择的平面上不只是有压电陶瓷的节点,因此需要将不属于压电陶瓷的节点去除。具体操作步骤:在〖Select Entities〗对话框选择〖Nodes〗、〖By Location〗和〖Y coordinates〗,在〖Min,Max〗下方的输入框内输入〖0,10e-3〗;选择〖Reselect〗表示选择 Y 轴坐标在 0 到 10e-3 之间,并且是已经选择的节点,点击〖Apply〗(见图 4-143 和图 4-144)。

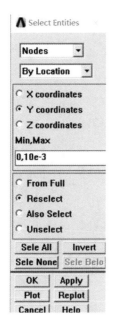

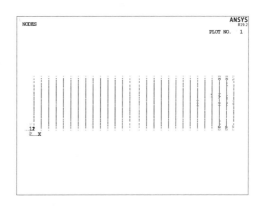

图 4-143　选择实体示意图　　　　　图 4-144　显示选中的实体示意图

　　第二步,选择耦合后所有节点的电压参数,并将其编号为 1 号,这样相当于把这些节点都用导线连接起来,并编号为 1 号导线。具体操作步骤:点击〖Preprocessor〗→〖Coupling / Ceqn〗→〖Couple DOFs〗,在弹出来的〖Define Coupled DOFs〗对话框中点击〖Pick All〗,弹出

〚Define Coupled DOFs〛对话框,在〚NSET Set reference number〛后的输入框内输入编号1,〚Lab Degree-of-freedom label〛选择〚VOLT〛,点击〚OK〛(见图4-145~图4-147)。

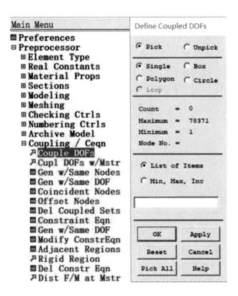

图4-145 耦合节点电压示意图

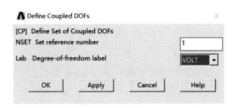

图4-146 定义耦合节点示意图

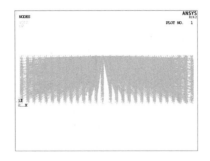

图4-147 显示耦合节点示意图

第三步,选择节点中编号最小的点,命名为 nui。若需要施加电压,只需要在这个节点上施加电压,不需要在所有的节点上施加电压。因为所有节点已经耦合,也就是所有的节点都与 nui 电学上一致。这也类似于在节点编号最小的点上引出一根线,命名为 nui。具体操作步骤:点击〚Parameters〛→〚Scalar Parameters〛,弹出〚Scalar Parameters〛对话框,在

〖Selection〗下方的输入框内输入〖uni＝ndnext(0)〗(表示选择所选点中编号最小的点,并命名为 uni)(见图 4 - 148 和图 4 - 149);用同样的方法选择所有连接到 GND 的节点,耦合所有点并选出编号最小的点命名为 ndi(见图 4 - 150～图 4 - 152);选择〖Select〗→〖Everything〗激活整个实体。

图 4 - 148　〖Scalar Parameters〗对话框　　　　图 4 - 149　对节点命名示意图

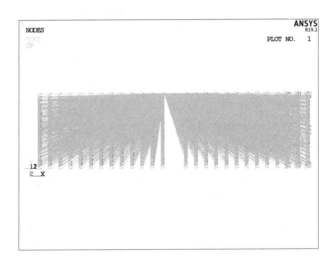

图 4 - 150　显示耦合后节点示意图

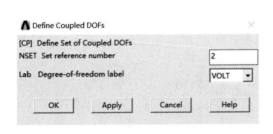

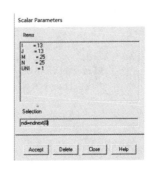

图 4 - 151　定义耦合节点示意图　　　　图 4 - 152　对节点命名示意图

第四步,对耦合的节点施加电压。具体操作步骤:点击〖Preprocessor〗→〖Loads〗→〖Define Loads〗→〖Apply〗→〖Electric〗→〖Boundary〗→〖Voltage〗→〖On Nodes〗(见图 4 - 153);在弹出的〖Apply VOLT on Nodes〗对话框中输入〖uni〗,点击〖OK〗(见图 4 - 154);在弹出的〖Apply VOLT on nodes〗对话框中,〖[D]Apply VOLT on nodes as a〗选择〖Constant value〗,〖VALUE Load VOLT value〗后的输入框内输入〖1〗(表示施加 1 V 的电压),点击〖OK〗(见图 4 - 155);在弹出的〖Apply VOLT on Nodes〗对话框内输入〖ndi〗,点击〖OK〗;在弹出的〖Apply VOLT on nodes〗对话框中,〖[D] Apply VOLT on Nodes as a〗选择〖Constant value〗,〖VALUE Load VOLT value〗后的输入框内输入〖0〗(表示施加 0 V 的电压),点击〖OK〗(见图 4 - 156)。点击〖Select〗→〖Everything〗激活整个实体。

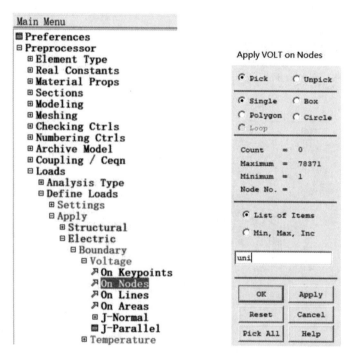

图 4 - 153　对节点施加电压示意图　　　图 4 - 154　施加电压示意图

图 4 - 155　设置电压值示意图

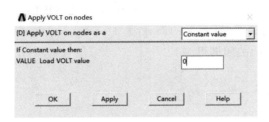

图4-156 设置电压值示意图

（4）谐响应分析。谐响应分析的具体操作步骤如下。

① 进行求解。具体操作步骤：点击〖Solution〗→〖Analysis Type〗→〖New Analysis〗，在弹出的〖New Analysis〗对话框中选择〖Harmonic〗（表示选择谐响应分析）（见图4-157和图4-158）。

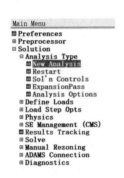

图4-157 设置仿真类型示意图　　　图4-158 选择仿真类型示意图

② 设置谐响应分析的频率。设置谐响应分析的频率的具体操作步骤如下。

第一步，点击〖Solution〗→〖Load Step Opts〗→〖Time/Frequenc〗→〖Freq and Substeps〗，在弹出的〖Harmonic Frequency and Substep Options〗对话框中，在〖[HARFRQ] Harmonic freq range〗后的输入框内输入分析频率的范围，在〖[NSUBST] Number of substeps〗后的输入框内输入分析频率的个数（见图4-159和图4-160）。例如，分析的频率为55000～56000 Hz，均分成5份，即分析的频率分别为55200 Hz、55400 Hz、55600 Hz、55800 Hz和56000 Hz。

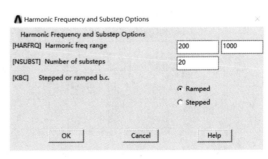

图4-159 设置频率示意图　　　图4-160 设置分析频率示意图

第二步,点击〖Solution〗→〖Solve〗→〖Current LS〗,在弹出的〖Solve Current Load Step〗对话框中点击〖OK〗进行求解(见图4-161和图4-162)。求解成功后,会弹出〖Solution is done〗对话框,点击〖Close〗关闭即可。

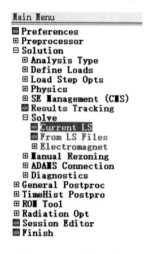

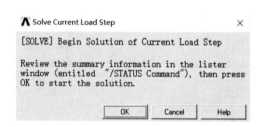

图4-161 求解示意图　　　　　　　图4-162 〖Solve Current Load Step〗对话框

③ 进行后处理阶段,查看仿真结果。具体操作步骤:第一步,在〖Main Menu〗中选择〖TimeHist Postproc〗,点击〖Time History Variables-Harmonic. rst〗对话框中左上方的〖＋〗添加数据(见图4-163);第二步,在弹出的〖Add Time-History Variable〗对话框中点击〖Nodal Solution〗→〖DOF Solution〗→〖Z-Component of displacement〗,点击〖OK〗(见图4-164);第三步,选择想要观察的节点,在〖Node for Data〗对话框中点击〖OK〗(见图4-165和图4-166);第四步,点击〖Time History Variables〗对话框中左上方的〖Graph Data〗即可显示结果(见图4-167和图4-168)。

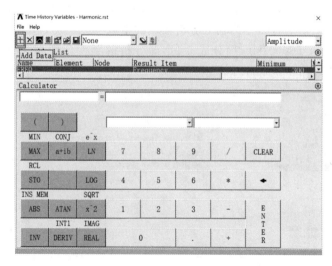

图4-163 查看仿真结果示意图

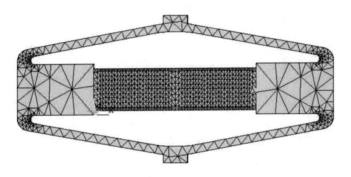

图 4 - 164　Z 方向位移示意图

图 4 - 165　选择想要观察的节点示意图

图 4 - 166　〖Node for Data〗界面

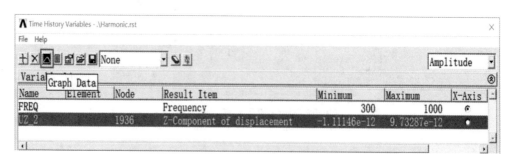

图 4 - 167　显示结果示意图

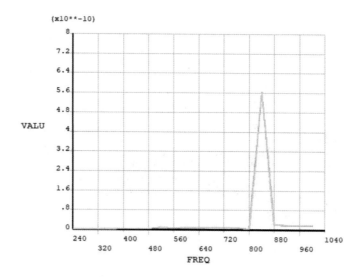

图 4 - 168　选中节点的仿真结果

第5章 ANSYS软件参数化编程

5.1 常见命令流

在 ANSYS 软件中,使用命令流进行模型建立和分析有时候可以减少工作量,提升工作效率。命令流可保存在文本文档中,其占用空间小,易于传播、交流和保存,在实现多次重复仿真中能节省时间,尤其是对于一些需要优化处理分析的仿真。

5.1.1 前处理部分

前处理是为了创建实体模型和有限元模型。前处理包括建立几何实体模型、定义单元类型、定义材料属性、网格划分、施加耦合和约束等内容。

1. 建立几何实体模型

实体模型包含点、线、面、体等基本要素,接下来逐一对基本要素进行命令流的介绍。

(1)"K"命令——生成关键点。

GUI 操作

Main Menu＞Preprocessor＞Modeling＞Create＞Keypoints＞In Active CS

格 式

K,NPT,X,Y,Z

NPT:关键点参考编号。若为零,则分配最小的可用编号。

X,Y,Z:激活坐标系中关键点的坐标。若当前激活的坐标系为柱坐标系,则坐标分别为 R、θ、Z;若当前激活的坐标系为球坐标系,则坐标分别为 R、θ、Φ;若 X＝P,则激活拾取操作(GUI 中有效)。

【例 5-1】 生成 $(1,0,0)$,$(2,0,0)$,$(1,1,0)$,$(2,1,0)$ 四个点(见图 5-1)。

```
/prep7          !进入前处理
K,1,1,0,0       !生成一号关键点 (1, 0, 0)
K,2,2,0,0       !生成二号关键点 (2, 0, 0)
K,3,1,1,0       !生成三号关键点 (1, 1, 0)
K,4,2,1,0       !生成四号关键点 (2, 1, 0)
```

图 5-1 例 5-1图

用"K"命令生成点的结果示意图如图 5-2 所示。

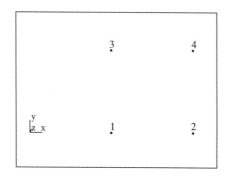

图 5-2　用"K"命令生成点的结果示意图

(2)"LSTR"命令——根据两点生成一条直线。

GUI 操作

Main Menu＞Preprocessor＞Modeling＞Create＞Lines＞Lines＞Straight Line

格式

LSTR,P1,P2

P1,P2:直线起始点和终止点的编号。若 P1＝P,则图形选择将被启用(GUI 中有效)。

【例 5-2】　将(1,0,0),(2,0,0),(1,1,0),(2,1,0)四个点连线(见图 5-3)。

用"LSTR"命令生成线的结果示意图如图 5-4 所示。

```
/prep7          !进入前处理
k,1,1,0,0       !生成一号关键点 (1, 0, 0)
k,2,2,0,0       !生成二号关键点 (2, 0, 0)
k,3,1,1,0       !生成三号关键点 (1, 1, 0)
k,4,2,1,0       !生成四号关键点 (2, 1, 0)
lstr,1,2        !连接1号、2号点形成线
lstr,2,4        !连接2号、4号点形成线
lstr,4,3        !连接4号、3号点形成线
lstr,3,1        !连接3号、1号点形成线
```

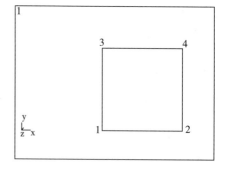

图 5-3　例 5-2 图　　　　　　图 5-4　用"LSTR"命令生成线的结果示意图

(3)"AL"命令——根据定义完成的线生成面。

GUI 操作

Main Menu＞Preprocessor＞Modeling＞Create＞Areas＞Arbitrary＞Overlaid on Area

格式

AL,L1,L2,L3,L4,L5,L6,L7,L8,L9,L10

　　L1,L2,…,L10:定义完成的线的编号。线的最少个数为 3。该区域的正法线由 L1 的方向使用右手法则确定。L1 为负值则与法线方向相反。若 L1＝ALL,则 L2 定义正法线方向(L3 到 L10 被忽略,L2 默认为选择的最小编号的线)。若 L1＝P,则启用图形选择,并忽略所有剩余参数(GUI 中有效)。

　　【例 5-3】　根据(1,0,0),(2,0,0),(1,1,0),(2,1,0)四个点生成正方形(见图 5-5)。
　　用"AL"命令生成面的结果示意图如图 5-6 所示。

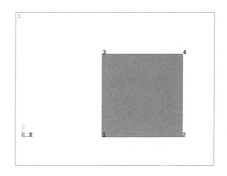

```
/prep7        !进入前处理
k,1,1,0,0     !生成一号关键点 (1, 0, 0)
k,2,2,0,0     !生成二号关键点 (2, 0, 0)
k,3,1,1,0     !生成三号关键点 (1, 1, 0)
k,4,2,1,0     !生成四号关键点 (2, 1, 0)
lstr,1,2      !连接1号、2号点形成线
lstr,2,4      !连接2号、4号点形成线
lstr,4,3      !连接4号、3号点形成线
lstr,3,1      !连接3号、1号点形成线
al,1,2,3,4    !将1号、2号、3号、4号线形成面
```

图 5-5　例 5-3 图　　　　　图 5-6　用"AL"命令生成面的结果示意图

　　(4)"VDRAG"命令——将面按照线拉伸成体。

GUI 操作

Main Menu＞Preprocessor＞Modeling＞Operate＞Extrude＞Areas＞Along Lines

格式

VDRAG,NA1,NA2,NA3,NA4,NA5,NA6,NLP1,NLP2,NLP3,NLP4,NLP5,NLP6

　　NA1,NA2,NA3,NA4,NA5,NA6:需要被拉伸面的编号。若 NA1＝P,则启用图形选择,并忽略所有剩余参数(GUI 中有效)。

　　NLP1,NLP2,NLP3,NLP4,NLP5,NLP6:线的编号。线需要是连续的,且相邻的线共享连接的关键点。

　　【例 5-4】　对(1,0,0),(2,0,0),(1,1,0),(2,1,0)四个点形成的面进行拉伸(见图 5-7)。

　　用"VDRAG"命令生成体的结果示意图如图 5-8 所示。

```
/prep7            !进入前处理
k,1,1,0,0         !生成一号关键点 (1, 0, 0)
k,2,2,0,0         !生成二号关键点 (2, 0, 0)
k,3,1,1,0         !生成三号关键点 (1, 1, 0)
k,4,2,1,0         !生成四号关键点 (2, 1, 0)
lstr,1,2          !连接1号、2号点形成线
lstr,2,4          !连接2号、4号点形成线
lstr,4,3          !连接4号、3号点形成线
lstr,3,1          !连接3号、1号点形成线
al,1,2,3,4        !将1号、2号、3号、4号线形成面
k,5,1,0,1
lstr,1,5          !连接1号、5号点形成拉伸线
vdrag,1,,,,,5     !1号面顺着5号线拉伸
```

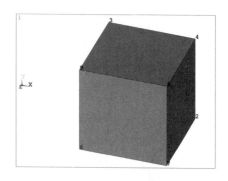

图 5-7 例 5-4 图　　　　　　图 5-8 用"VDRAG"命令生成体的结果示意图

2. 定义单元类型

(1)"TYPE"命令——激活单元类型。

GUI 操作

Main Menu＞Preprocessor＞Meshing＞Mesh Attributes＞Default Attribs

Main Menu＞Preprocessor＞Modeling＞Operate＞Extrude＞Elem Ext Opts

格　式

TYPE,ITYPE

ITYPE:单元类型号(默认为 1)。该编号由 ET 命令定义。

(2)"ET"命令——设置单元类型。

GUI 操作

Main Menu＞Preprocessor＞Element Type＞Add/Edit/Delete

格　式

ET,ITYPE,Ename,KOP1,KOP2,KOP3,KOP4,KOP5,KOP6,INOPR

ITYPE:单元类型编号。

Ename:单元库中的单元名称。其通常由类型名称和数字组成。

KOP1,KOP2,…,KOP6:单元选项。

【例 5-5】 本章涉及压电材料,使用 Solid226 单元进行求解。Solid226 单元为耦合场 20 节点六面体单元,KEYOPT(1)=1001 表示激活了压电自由度、位移和电压。

命令流:ET,1,Solid226,1001

3. 定义材料属性

(1)"MAT"命令。

Main Menu>Preprocessor>Meshing>Mesh Atributes>Default Attribs

Main Menu>Preprocessor>Modeling>Create>Flements>Elem Attributes

格 式

MAT,MAT

MAT:将此材料编号分配给随后定义的元素(默认为 1)。

(2)"MP"命令——设置单元和温度有关的线性材料属性。

GUI 操 作

Main Menu>Preprocessor>Material Props>Material Models

Main Menu>Solution>Load Step Opts>Other>Change Mat Props>Material Models

格 式

MP,Lab,MAT,C0,C1,C2,C3,C4

Lab:关于材料性能的标签。以下列举结构分析中常用的标签。① EX:弹性模量;② PRXY:主泊松比;③NUXY:次泊松比;④DENS:质量密度;⑤MU:摩擦因素;⑥DMPR:不变的材料阻尼系数;⑦PERX:介电常数;⑧GXY:剪切模量。

MAT:材料参考编号。

C0:材料属性值。若定义一个属性与温度相关的多项式,则材料属性值为该多项式中的常数项。

C1,C2,C3,C4:多项式中的一次项、二次项、三次项和四次项的系数。

【例 5-6】　MP,DENS,1,7500 的含义。

MP,DENS,1,7500 表示赋予 1 号材料密度为 7500 kg/m^3。

(3)"TB"命令——激活材料属性或特殊元素输入的数据表。

GUI 操 作

Main Menu>Preprocessor>Loads>Load Step Opts>Other>Change Mat Props>Material Models

Main Menu>Preprocessor>Material Props>Material Models

Main Menu>Solution>Load Step Opts>Other>Change Mat Props>Material Models

格式

> TB,Lab,MATID,NTEMP,NPTS,TBOPT,——,FuncName

Lab:关于材料模型数据表类型的标签。以下列举结构分析中常用的标签。①DPER:各向异性相对介电常数;②ANEL:各向异性弹性系数;③DENS:质量密度;④PIEZ:压电矩阵;⑤PLASTIC:非线性塑形;⑥PZRS:压电电阻率;⑦SDAMP:材料阻尼系数;⑧SWELL:膨胀应变函数。

MATID:材料参考识别号(默认为1)。

NTEMP:提供数据的温度数。通过 TBTEMP 命令指定温度。

NPTS:对于定义了 NPTS 的大多数标签,其是指给定温度下指定的数据点数。通过TBDATA 或 TBPT 命令定义数据。

——:未使用的字段。

FuncName:要使用的函数名(输入为%tabname%,其中 tabname 是函数工具创建的表名)。

(4)"TBDATA"命令——定义材料数据表的数据。

GUI 操作

> Main Menu＞Preprocessor＞Loads＞Load Step Opts＞Other＞Change Mat Props＞Material Models
>
> Main Menu＞Preprocessor＞Material Props＞Material Models
>
> Main Menu＞Solution＞Load Step Opts＞Other＞Change Mat Props＞Material Models

格式

> TBDATA,STLOC,C1,C2,C3,C4,C5,C6

STLOC:表中用于输入数据的起始位置。例如,若 STLOC=1,则 C1 字段中的数据输入应用于第一个表常量,C2 应用于第二个表常量……;若 STLOC=5,则 C1 字段中的数据输入应用于第五个表常量……默认为最后填充的位置加 1。每个 TB、TBTEMP 或TBFIELD 命令将最后一个位置重置为 1。

C1,C2,C3,…,C6:从 STLOC 开始分配给 6 个位置的数据值。若值已经在此位置,则重新定义它。空值保持现有值不变。

ANSYS 软件输入相对介电系数的顺序(右上角数为顺序):$[\varepsilon_r] = \begin{bmatrix} \varepsilon_{11}^1 & \varepsilon_{12}^4 & \varepsilon_{13}^6 \\ \varepsilon_{21} & \varepsilon_{22}^2 & \varepsilon_{23}^5 \\ \varepsilon_{31} & \varepsilon_{32} & \varepsilon_{33}^3 \end{bmatrix}$,弹性

$$
\text{系数矩阵}[C^E]=\begin{array}{c} \\ x \\ y \\ z \\ xy \\ yz \\ xz \end{array}\begin{array}{cccccc} x & y & z & xy & yz & xz \\ \left[c_{11}^{1}\right. & & & & & \\ c_{21} & c_{22}^{7} & & & & \\ c_{31} & c_{32} & c_{33}^{12} & & & \\ c_{61} & c_{62} & c_{63} & c_{66}^{16} & & \\ c_{41} & c_{42} & c_{43} & c_{46} & c_{44}^{19} & \\ c_{51}^{6} & c_{52}^{11} & c_{53}^{15} & c_{56}^{18} & c_{54}^{20} & \left.c_{55}^{21}\right] \end{array}
$$

4. 网格划分

(1)"MSHAPE"命令——选择划分单元形状。

GUI 操作

Main Menu＞Preprocessor＞Meshing＞Mesh＞Volumes＞Mapped＞4 to 6 sided

Main Menu＞Preprocessor＞Meshing＞Mesher Opts

Main Menu＞Solution＞Manual Rezoning＞Create Remesh Zone(s)＞Mesh Controls＞Global Meshing Options

格式

MSHAPE,KEY,Dimension

0：当 Dimension＝2D，生成四边形单元；当 Dimension＝3D，生成六面体单元。

1：当 Dimension＝2D，生成三角形单元；当 Dimension＝3D，生成四面体单元。

Dimension：要划分网格模型的维数，值包括 2D 和 3D。

使用提示：若没有指定 Dimension 的值，则根据 KEY 的值来确定网格的划分形状。若执行命令"MSHAPE,0"，则使用四边形单元和六面体单元。

(2)"MSHKEY"命令——选择采用自由划分方式或者映射划分方式。

GUI 操作

Main Menu＞Preprocessor＞Meshing＞Mesh＞Areas＞Mapped＞3 or 4 sided

Main Menu＞Preprocessor＞Meshing＞Mesh＞Areas＞Target Surf

Main Menu＞Preprocessor＞Meshing＞Mesh＞Volumes＞Mapped＞4 to 6 sided

Main Menu＞Preprocessor＞Meshing＞Mesher Opts

Main Menu＞Solution＞Manual Rezoning＞Create Remesh Zone(s)＞Mesh Controls＞Global Meshing Options

格式

MSHKEY,KEY

KEY：确定网格划分方式。若为 0，则表示为自由网格划分（默认设置）；若为 1，则采用映射网格划分方式;若为 2,则如果可能就采用映射网格,否则采用自由网格。若 KEY 设置为 2,则对一个不能用映射网格划分的面即使采用了自由网格划分,也不会激活智能化网格。

注:"MSHAPE"和"MSHKEY"命令通常关联使用,ANSYS 划分网格主要依靠这两个命令设置值的组合。

(3)"SMRTSIZE"命令——设置智能划分网格参数。

GUI 操作

Main Menu>Preprocessor>Meshing>Size Cntrls>SmartSize>Adv Opts
Main Menu>Preprocessor>Meshing>Size Cntrls>SmartSize>Basic
Main Menu>Preprocessor>Meshing>Size Cntrls>SmartSize>Status

格式

SMRTSIZE, SIZLVL, FAC, EXPND, TRANS, ANGL, ANGH, GRATIO, SMHLC,SMANC,MXITR,SPRX

SIZLVL:设置网格划分时单元大小的等级值,该值决定单元的最小值。若该项有输入时,其他变量无效。有效输入值如下:① * n:激活智能化网格划分并且设置尺寸等级为 n,该值为 1(细网格)到 10(粗网格)的整数,输入后其他变量无效。② * STAT:列表输出"SMRTSIZE"命令当前的设置。③ * DEFA:恢复"SMRTSIZE"设置到其默认值。④ * OFF:关闭智能化网格划分。

FAC:用于计算默认网格尺寸的缩放因子。FAC 的设定范围为 0.2~5.0。

EXPND:网格扩展因子。

TRANS:网格过渡因子,用于控制面网格从面的边界到面内部所允许的尺寸变化程度。

ANGL:设置曲线上低阶单元的最大跨角,该选项不适用于 p-单元网格划分。

ANGH:设置曲线上高阶单元的最大跨角。

GRATIO:用于相邻性检查的许可增长率。对于 h-单元,默认值为 1.5。GRATIO 的设置范围是 1.2~5.0,推荐值为 1.5~2.0。

SMHLC:小孔的粗化选项。若为 ON,则强迫曲率细化。

SMANC:小角度的粗化选项。若为 ON,则严格限制在面内进行细化。

MXITR:设置尺寸迭代的最大次数,默认值为 4。

SPRX:面相邻细化选项,其值为 OFF(SPRX=0,对于所有的尺寸水平默认值)或 ON(SPRX=1 或 SPRX=2)。若 SPRX=1,则面相邻细化,并修改壳单元。若 SPRX=2,则面相邻细化,但不修改壳单元。

(4)"VMESH"命令——体上生成节点和单元。

GUI 操作

Main Menu>Preprocessor>Meshing>Mesh>Volumes>Free
Main Menu>Preprocessor>Meshing>Mesh>Volumes>Mapped>4 to 6 sided

---

VMESH,NV1,NV2,NINC

NV1,NV2,NINC:指定的关键点编号范围,按增量 NINC(默认为 1)从关键点 NV1 到 NV2(默认为 NV1)划分网格单元。

5. 施加耦合和约束

(1)"CP"命令——设置耦合自由度集。

GUI 操作

Main Menu＞Preprocessor＞Coupling / Ceqn＞Couple DOFs
Main Menu＞Preprocessor＞Coupling / Ceqn＞Cupl DOFs w/Mstr

格式

CP,NSET,Lab,NODE1,NODE2,NODE3,NODE4,NODE5,NODE6,NODE7,NODE8,NODE9,NODE10,NODE11,NODE12,NODE13,NODE14,NODE15,NODE16,NODE17

NSET:设置耦合自由度的编号。它有下列选项:① ∗ n:任意指定的编号。② ∗ HIGH:使用已指定的最高耦合集的编号(默认方式),该选项适用于要添加节点到一个已存在的耦合集中。③ ∗ NEXT:使用已指定的最高耦合集编号再加 1,这个选项是一个自由编号过程,以保证已存在的耦合集不会被修改。

Lab:指定将要耦合的自由度标签。默认方式是前一个已存在的 NSET 所设置的标签。其中有效的标签主要是各种分析类型的自由度,如结构分析中的 UX、UY、UZ、ROT-X、ROTY 和 ROTZ,温度场分析中的 TEMP、TBOT、TE2、TE3 和 TTOP 等。自由度集主要由所定义的单元类型和"DOF"命令来决定。若为"ALL",则该标签仅适用于 FLOTRAN 分析。

NODE1,…,NODE17:需要包含在耦合集中的节点编号,重复的节点编号将被忽略。若一个节点编号输入为负数,则表示从当前耦合集中删除这个节点。耦合集中的第一个节点为第一自由度节点,若为"ALL",则其后的所有节点编号无效,所选择的全部节点都包含在该耦合集中。NODE1 也可为 P 或元件名。

需要注意,不要将同一个节点且同样的自由度包含在不同的耦合集中。因为一组节点耦合在一起,会使该耦合集中节点的自由度计算结果与某个节点的自由度计算结果相同。耦合能够模拟各种各样的连接和铰接,耦合的一般形式也可以采用约束方程来完成。对于结构分析,耦合的结果是该耦合集中的节点具有指定节点坐标系中的位移值,当然这个值在未完成分析之前是未知的。不在同一位置或耦合位移方向线上的耦合节点会产生一个不在反作用力中出现的力矩。某个节点的自由度取决于所指定的单元类型,如在标量值的分析中,该命令仅能耦合节点的温度、压力、电压等。

【例 5－7】 cp,1,volt,all 表示的含义。

cp,1,volt,all 表示耦合所选择的所有的节点电压(volt)，并命名为 1，这相当于把这些节点都用导线连接起来，然后编号为 1 号导线。

5.1.2 求解

(1)"SOLU"命令——进入求解器。

(2)"ANTYPE"命令——设置分析类型和重启动状态。

GUI 操作

Main Menu＞Preprocessor＞Loads＞Analysis Type＞New Analysis

Main Menu＞Preprocessor＞Loads＞Analysis Type＞Restart

Main Menu＞Preprocessor＞Loads＞Analysis Type＞Sol'n Controls＞Basic

Main Menu＞Solution＞Analysis Type＞New Analysis

Main Menu＞Solution＞Analysis Type＞Restart

Main Menu＞Solution＞Analysis Type＞Sol'n Controls＞Basic

格 式

ANTYPE,Antype,Status,LDSTEP,SUBSTEP,Action,——,PRELP

Antype:分析类型，默认为上一次指定的分析类型，若没有指定，则为静态分析。它有下列选项:① ＊STATIC 或 0:静态分析，适用于所有的自由度。② ＊BUCKLE 或 1:稳定性分析，意味着前面已完成了一次带有预应力效应计算的静态分析，仅对结构自由度有效。③ ＊MODAL 或 2:模态分析，仅对结构和流体自由度分析有效。④ ＊HARMIC 或 3:谐响应分析，仅对结构、流体、磁场和电场的自由度有效。⑤ ＊TRANS 或 4:瞬态分析，对所有的自由度有效。⑥ ＊SUBSTR 或 7:子结构分析，对所有的自由度有效。⑦ ＊SPECTR 或 8:谱分析，意味前面已完成一次模态分析，仅对结构自由度有效。

Status:指定分析的状态。它有下列选项:① ＊NEW:指定一次新的分析(默认设置)。② ＊REST:指定为前一次分析的重新启动。仅适用于静态分析、完全与模态叠加瞬态分析、子结构分析。对于完全瞬态和非线性静态结构分析或热分析来说，其默认值为多点重启动，使用命令"RESCONTROL"可以对多点重启动进行设置或取消。对于模态叠加瞬态分析，其默认值为单点重启动。这个选项将恢复在求解开始时所建立的". rdb"文件。若边界条件在求解过程中被删除，则在执行这个命令后，边界条件将再次被删除。③ ＊VIREST:指定一个已完成 VT 加速器分析的重启动，仅对 Antype＝STATIC、HARMIC、TRANS 有效。

LDSTEP:在开始多点重启动之前指定载荷步。对于完全瞬态和非线性静态结构分析或热分析来说，其默认值是在当前工作目录下;对于模态叠加瞬态分析，其没有默认值。

SUBSTEP:在开始多点重启动之前指定载荷子步数。

Action:指定多点重启动的方式，不适用于一般的重启动。它有下列选项:① ＊CONTINUE:将根据由 LDSTEP 和 SUBSTEP 所指定的方式继续分析(默认值选项)，并继续当前的载荷步。② * ENDSTEP:在重新开始时,即使当前载荷步的末端还没有达到,也使指定的载荷步(LDSTEP)到达所指定子步(SUBSTEP)的末端。③ * RSTCREATE:在重新开始时,对于所指定的载荷步和子步来说,取出信息并写入结果文件中。若 Action 选择 * RSTCREATE,则不适用于模态叠加瞬态分析的重新开始。

PRELP:指示是否将执行后续线性扰动的标志。

(3)"MODOPT"命令——设置模态分析。

GUI 操 作

> Main Menu＞Preprocessor＞Loads＞Analysis Type＞Analysis Options
>
> Main Menu＞Solution＞Analysis Type＞Analysis Options

格 式

> MODOPT,Method,NMODE,FREQB,FREQE,Cpxmod,Nrmkey,ModType,BlockSize,－－,－－,－－,FREQMOD

Method:采用模态提取方法进行模态分析。它有下列选项:① * LANB:分块兰索斯法;② * LANPCG:PCG Lanczos 法;③ * SUBSP:子空间算法;④ * UNSYM:非对称矩阵;⑤ * DAMP:阻尼系统。

NMODE:要提取的模式数。该值可以依赖于为 Method 提供的值。NMODE 没有默认值,必须指定。若 Method＝LANB,LANPCG 或 SNODE,则在应用所有边界条件后,可以提取的模式数可以等于模型中的自由度。

FREQE:需要观察的频率范围。

Cpxmod:固有模式值。

Nrmkey:模态振型归一化键。它有下列选项:① * OFF:将模态振型归一化为质量矩阵(默认)。② * ON:将模态振型归一化而不是归一化到质量矩阵。若计划进行后续的频谱或模态叠加分析,则模态振型应归一化为质量矩阵(Nrmkey＝OFF)。

ModType:本征求解器计算的模态类型,只适用于非对称特征求解器。它有下列选项:① * Blank:固有模态值,这个值是默认的。② * BOTH:如果要进行模式叠加分析,则必须激活此选项。

(4)"MXPAND"命令——指定模态或屈曲分析扩展选项。

GUI 操 作

> Main Menu＞Preprocessor＞Loads＞Analysis Type＞Analysis Options
>
> Main Menu＞Preprocessor＞Loads＞Load Step Opts＞ExpansionPass＞Single Expand＞Expand Modes
>
> Main Menu＞Solution＞Analysis Type＞Analysis Options
>
> Main Menu＞Solution＞Load Step Opts＞ExpansionPass＞Single Expand＞Expand Modes

格式

MXPAND, NMODE, FREQB, FREQE, Elcalc, SIGNIF, MSUPkey, ModeSelMethod, EngCalc

NMODE:扩展和写入的模态数。如果为空(blank),则在指定的频率范围内对所有的模态进行扩展和写入。

FREQB:感兴趣频率范围的起始或下限。如果 FREQB 和 FREQE 都是空的,扩展并写入指定的模态数,而不考虑频率范围。默认为整个范围。

FREQE:对感兴趣频率范围的结束或最高频率。

Elcalc:单元计算控制键。若值为 NO,则表示不计算单元结果和反作用力(默认设置);若值为 YES,则与节点 DOF 结果一样,计算单元结果和反作用力。

SIGNIF:仅扩展其等级超过了 SIGNIF 阈值的模态数。若 ModeSelMethod=MODC,则定义某一模态的显著性水平为该模态的模态系数除以所有模态的最大模态系数;若 ModeSelMethod=EFFM,则模态的显著性水平定义为模态有效质量除以总质量;若 ModeSelMethod=DDAM,则定义一个模态的显著性水平为模态有效权重除以总权重。任何显著性水平小于 SIGNIF 的模式都被认为是不显著的,不进行扩展。SIGNIF 阈值越高,扩展的模式数越少。SIGNIF 默认值为 0.001,但若是 DDAM 模式选择方法,则默认值为 0.01。若 SIGNIF 指定为 0.0,则取 0.0。

MSUPkey:元素结果叠加键。它有如下选项。① * NO:不将元素结果写到文件 Jobname. MODE。② * YES:将元素结果写入模式文件,用于后续模式叠加 PSD、瞬态或谐波分析的扩展过程(默认情况下,Elcalc=YES 且模态振型被归一化为质量矩阵)。

ModeSelMethod:模式选择的方法。它有如下选项。① * blank:不执行模式选项(默认)。② * EFFM:模态选择是基于有效模态质量。③ * MODC:模态选择是基于模态系数。④ * DDAM:模态选择是基于模态过程。

EngCalc:附加元素能量计算键。它有如下选项。① * NO:不要计算额外的能量(默认)。② * YES:计算刚度、动能以及阻尼能量的平均值、振幅和峰值。

(5)"EQSLV"命令——指定一个方程求解器。

GUI 操作

Main Menu>Preprocessor>Loads>Analysis Type>Analysis Options
Main Menu>Preprocessor>Loads>Analysis Type>Sol'n Controls>Sol'n Options
Main Menu>Solution>Analysis Type>Analysis Options
Main Menu>Solution>Analysis Type>Sol'n Controls>Sol'n Options

格式

EQSLV,Lab,TOLER,MULT,——,KeepFile

　　Lab:方程求解器的类型。它有如下选项。① * FRONT:直接波前法求解器。② * SPARSE:稀疏矩阵直接法,在实对称和非对称的矩阵中适用。③ * JCG:雅可比共轭梯度迭代求解器。应用于结构和多物理场中的 3D 谐分析,对解决热转换、电磁、压电和声场问题有效。④ * ICCG:不完全的 Cholesksy 共轭梯度迭代求解器。该方法与 JCG 相比,需要更多的内存。对于病态矩阵,它比 JCG 更稳定。⑤ * QMR:拟最小残余迭代求解器。适用于 HARMIC 分析类型,可在高频电磁场中使用。⑥ * PCG:预条件共轭梯度迭代求解器。与 FRONT 或 SPARSE 相比,它需要更少的磁盘空间。对于大模型来说,它计算更快。它适用于板、壳、3D 模型和其他具有对称、稀疏、正定或不正定矩阵的非线性问题,其需要的内存是 JCG 的两倍。它仅适用于 STATIC、TRANS(仅完全法)或 MODAL(仅适用于 Lanczos 选项)分析类型,能够求解一些带刚性约束或耦合的方程。⑦ * AMG:代数多重网格迭代方程求解器,适用于 STATIC 和 TRANS 分析。⑧ * ITER:自动选择迭代求解器,适用于解决物理问题。其误差会根据用户选择的精度等级自动确定。⑨ * DSPARSE:分布式稀疏直接法。它对于分布式内存机构具有并行性,其结果是它在 12 个处理器上取得 6 倍的加速,在整体内存利用方面高于非分布式的 SPARSE。

　　TOLER:迭代求解的误差值。可在 JCG、ICCG、PCG、QMR 和 AMG 求解器中使用。对于 PCG,其默认值是 1×10^{-8};当在 PCG lanczos 模态提取法中使用时,其默认值是 1×10^{-4};对于具有对称矩阵的 JCG、ICCG 和 AMG 求解器,其默认值是 1×10^{-8};对于具有非对称矩阵的 JCG、ICCG 和 QMR 求解器,其默认值是 1×10^{-6};迭代继续进行,直到残余的 SRSS 范数小于施加载荷向量范数的 TOLER 倍。

　　MULT:在收敛计算中,可以控制所完成最大迭代次数的乘数。当求解控制打开时,其默认值为 2.0;当求解控制关闭时,其默认值为 1.0。其最大的迭代次数等于该乘数乘以自由度数。若没有达到最大的迭代次数或收敛,则迭代将会继续下去。默认值对于达到收敛一般是足够的,但对于病态矩阵,为了达到收敛,利用 MULT 可以增加迭代的最大次数。建议乘数的范围:$1.0 \leqslant MULT \leqslant 3.0$。若在 $1.0 \leqslant MULT \leqslant 3.0$,没有达到收敛,则应对模型做进一步的检查,也可以在命令“PCGOPT”中增大难度等级。

　　KeepFile:确定应该删除还是保留来自 SPARSE 求解器运行的文件,仅适用于 Lab＝ SPARSE 时静态和完全瞬态分析。它有如下选项。① * DELE:在 FINISH 或/EXIT(默认)时,从 SPARSE 求解器运行中删除所有文件,包括分解后的文件“. dspsymb”。② * KEEP:在工作目录中保留所有来自 SPARSE 求解器运行所需的文件,包括“. dspsymb”文件。

5.1.3　后处理

　　(1)“POST1”命令——通用后处理器。

GUI 操作

Main Menu＞General Postproc

格　式

/ POST1

注:它只能浏览整个模型的某一个时刻的结果。

(2)"POST26"命令。

GUI 操作

Main Menu>TimeHist Postpro

格式

/POST26

注:可以浏览模型在不同时间段或者子步历程上的结果,后处理的数据来自前处理和求解数据。若求解未完成或者求解出错,则在后处理时将不显示结果。

(3)"SET"命令。

GUI 操作

Main Menu>General Postproc>Read Results>By Pick
Main Menu>General Postproc>Results Summary
Main Menu>General Postproc>Read Results>By Load Step

格式

SET,Lstep,Sbstep,Fact,KIMG,TIME,ANGLE,NSET,ORDER

Lstep:需要读出数据的载荷步数据,默认为1。它有如下选项。① * N:读出第 N 个载荷步的数据。② * FIRST:读出第一个载荷步的数据(忽略 Sbstep 和 TIME 变量)。③ * LAST:读出最后一个载荷步的数据(忽略 Sbstep 和 TIME 变量)。④ * NEXT:读出下一个载荷步的数据(忽略 Sbstep 和 TIME 变量),若是最后一个载荷步的数据集,则将读出第一个数据集。⑤PREVIOUS:读出前一个数据集(忽略 Sbstep 和 TIME 变量),若当前为第一个数据集,则将读出最后的数据集。⑥ * NEAR:读出最靠近 TIME 的数据集(忽略 Sbstep 变量),若为空,则读出第一个数据集。⑦ * LIST:浏览结果文件,列表出载荷步的汇总(忽略 FACT、KIMG、TIME 和 ANGLE 变量)。

Sbstep:子步号(在 Lstep 内)。默认为加载步骤的最后一子步骤(除了屈曲或模态分析)。对于屈曲(ANTYPE,BUCKLE)或模态(ANTYPE,modal)分析,Sbstep 对应于模态数。指定 Sbstep=LAST 以存储指定加载步骤的最后一个子步骤(发出 SET、Lstep、LAST 命令)。若 Lstep=LIST,Sbstep=0 或 1,则列出基本步骤信息。若 Lstep=LIST,Sbstep=2,则列出基本步骤信息,且包括加载步骤标题,并标记假想的数据集(如果存在)。

Fact:应用于从文件中读取数据的比例因子。若为零(或空),则使用 1.0 的值。这个比例因子只适用于位移和应力结果。非零因子排除不可求和项。谐波速度或加速度可以由模态(ANTYPE,modal)或谐波(ANTYPE, HARMIC)分析的位移结果来计算。若 Fact=VELO,则根据 $v=2\pi fd$ 的关系,由特定频率(f)的位移(d)计算出谐波速度(v)。类似地,若

Fact＝ACEL，则谐波加速度(a)计算为$a＝(2\pi f)^2 d$。若 Lstep＝LIST 在使用重分区的分析中，则跨所有重分区数据集的 Fact 被列出。

KIMG：仅使用从复数分析中得到的结果。

TIME：标识要读取的数据集的时间点。对于谐波分析，时间对应于频率。对于屈曲分析，时间对应于载荷系数。若 Lstep＝NEAR，则读出最靠近指定时间 TIME 的数据；若 Lstep 和 SBSTEP 是零，则读出在时间 TIME 上的数据集。若在求解中使用了弧长法，则不要使用 TIME 来指定读出的数据集；若 TIME 介于两个时间点之间，则通过线性插值来取出数据。若时间超出了文件中的最后时间点，则将用最后的数据来替代。

ANGLE：对于谐波元素（PLANE25、PLANE75、PLANE78、PLANE83 和 SHELL61），角度指定从结果文件读取时使用的圆周位置（0°到 360°）。谐波因子（基于圆周角）应用于位移和单元结果，以及约束和负载，可以覆盖数据库中存在的任何值。若 ANGLE＝NONE，则所有谐波因子都被设置为 1，后处理产生解决方案输出。

NSET：数据集要读取的数据集的编号。若输入的 NSET 值为正值，则忽略 Lstep、Sbstep、KIMG 和 TIME。可用的集号可以由 set、LIST 确定。

ORDER：对谐波指标结果进行排序。此选项仅适用于循环对称屈曲和模态分析，且仅在 Lstep 为 FIRST、LAST、NEXT、PREVIOUS、NEAR 或 LIST 时有效。

（4）"OPVAR"命令。

格式

> OPVAR，Name，Type，MIN，MAX，TOLER

Name：参数名，必须为已定义的标量参数。

Type：优化变量类型。它有如下选项。① ＊DV：设计变量，必须要指定 MAX 选项。② ＊SV：状态变量，由命令"＊GET"创建，也可作为约束变量，需指定 MAX 选项或 MIN 选项或同时指定，不能同时空缺。③ ＊OBJ：目标函数，只能有一个目标函数，选项 MIN 和 MAX 不能指定。④ ＊DEL：删除这个优化变量。

MIN：指定参数的最小值。对于 Type＝DV，MIN 必须要大于 0.0，小于 0.001×MAX；对于 Type＝SV，若 MIN 为空，则无最小值，但若有 MIN＝0.0，则其最小值为 0.0；对于 Type＝OBJ 和 Type＝DEL，忽略 MIN。

MAX：指定参数的最大值，仅适用于 Type＝DV。对于 Type＝SV，若 MAX 为空，则没有最大值，但若 MAX＝0.0，则其上界为 0。

TOLER：对于 Type＝DV 和 OBJ，循环之间为收敛可以接受的变化量；对于 OBJ，默认值是当前值的 1%；对于 DV，默认值是 0.01×(MAX−MIN)。对于 Type＝SV，指定一个可行域的公差。指定了 MAX 和 MIN，默认值是 0.01×(MAX−MIN)，若为单边极限，则为当前值的 1%。若这个极限的绝对值小于 1，则其默认值为当前 SV 值的 1%。

5.1.4　其余常见命令流

（1）"＊GET"命令。

GUI 操作

Utility Menu>Parameters>Get Scalar Data

格 式

＊GET,Par,Entity,ENTNUM,Item1,IT1NUM,Item2,IT2NUM

Par:参数名称。

Entity:实体的关键字。有效的关键字有 NODE、ELEM、KP、LINE、AREA、VOLU 等。

ENTNUM:实体的标题或编号。在某些情况下,零(或空白)ENTNUM 表示集合中的所有实体。

Item1:指定实体特定项的名称。

IT1NUM:对于指定 Item1 的编号。有些项 Item1 并不需要该值。

Item2,IT2NUM:第二组项目标签和编号,用于进一步限定要检索的数据的项目。大多数物品不需要这个级别的信息。

(2)"＊DO"循环命令——重复执行连续的命令。

格 式

＊DO,Par,IVAL,FVAL,INC

Par:循环变量的名称。任何同名的现有参数都将被重新定义,不能使用字符参数。

IVAL,FVAL,INC:IVAL 是循环变量的初值,FVAL 是循环变量的终值,INC 是循环变量的增量,INC 的默认值是 1,允许使用负增量和非整数。

"＊DO"命令之后的命令块(直到"＊ENDDO"命令)被重复执行,直到满足某些循环控制。在第一个循环之后,所有循环都会自动抑制打印输出(包括一个"/GOPR"命令来恢复打印输出)。命令行循环控制(Par,IVAL,FVAL,INC)必须输入。每个嵌套的 DO 都使用一层内部文件交换。允许 20 个层次内的嵌套循环。

注:"＊DO""＊ENDDO"和任何"DO－loop"的"＊CYCLE"和"＊EXIT"命令都必须从同一个文件(或键盘)中读取。不能在一个 DO 循环中使用"MULTIPRO"或"＊CREATE"命令。拾取操作也不应该在"＊DO"循环中使用。

5.2 案例仿真

【例 5－8】 音叉结构频率匹配仿真。

背景:根据傅里叶变换,任何连续测量的信号都可以表示为不同频率的正弦波信号的无限叠加。因此可以通过不同频率的正弦信号合成任意的波形。由于音叉结构在反向共振模式时,两个音叉臂反向共振振动不会受到把手和连接到把手的其他结构的影响,因此较高一级音叉的反向共振频率不受较低级共振频率的影响。根据音叉这一特性,通过自上向下调节音叉各级的共振频率,可以使用音叉来合成任意波形。三级音叉模型图如图 5-9 所示。

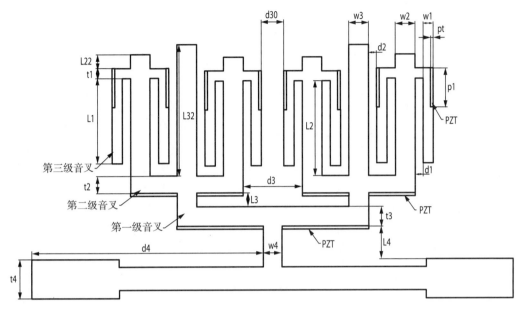

图 5-9　三级音叉模型图

　　虽然利用音叉结构避免了频率匹配过程中各阶频率的相互影响,但是每一阶频率还是需要通过改变音叉尺寸来调节。利用 UG、Solidworks 等三维建模软件,手动调节各级音叉尺寸虽然可行,但是会耗费大量时间,且不利于相互交流。而直接通过 ANSYS 软件命令流建模,通过 ANSYS 软件优化设计,可提高工作效率。

　　本例将使用命令流对音叉模型进行建模、仿真,根据仿真结果确定音叉反向共振模态,并用命令流对结构尺寸进行优化分析,使第一级、第二级、第三级音叉反向共振频率之比接近 1∶3∶5。

　　本例的具体程序代码如下。

```
! 代码块 1:对单元类型和材料的相关参数进行设置
! 对 1 号单元类型进行选择,设置 1 号材料压电陶瓷的相关参数
/PREP7                          ! 进入前处理
ET,1,SOLID226,1001              ! 根据石英的属性可以用 solid226 单元
! 求解,KEYOPT(1) = 1001 即可激活压电自由度、位移和电压。
MP,DENS,1,7500                  ! 设置材料 1 的密度
TB,DPER,1
TBDATA,1,804.6,804.6,659.7
TB,PIEZ,1                       ! DEFINE PIEZ. TABLE
TBDATA,16,10.5                  ! E61 压电常数
TBDATA,14,10.5                  ! E52 压电常数
TBDATA,3, - 4.1                 ! E13 压电常数
TBDATA,6, - 4.1                 ! E23 压电常数
```

```
TBDATA,9,-4.1                        ! E33 压电常数
TB,ANEL,1                            ! DEFINE STRUCTURAL TABLE
TBDATA,1,13.2E10,7.1E10,7.3E10       ! 输入刚度矩阵
TBDATA,7,13.2E10,7.3E10
TBDATA,12,11.5E10
TBDATA,16,3.0E10
TBDATA,19,2.6E10
TBDATA,21,2.6E10
! 对 2 号单元类型进行选择,设置 2 号材料锰钢的相关参数
ET,2,SOLID95                         ! 定义单元类型
MP,DENS,2,7840                       ! 定义密度
MP,EX,2,210E9                        ! 定义杨氏模量
MP,PRXY,2,0.28                       ! 定义泊松比
! 代码块 2:为了进行参数化的模型建立,首先定义了音叉的相关参数
*SET,w1,1.6e-3                       ! 第三级音叉宽度为 1.6 mm
*SET,w2,3.1e-3                       ! 第二级音叉宽度为 3.1 mm
*SET,w3,3.1e-3                       ! 第一级音叉宽度为 3.1 mm
*SET,w4,3.0e-3
*SET,pt,0.4e-3                       ! 压电陶瓷片厚度 0.4 mm
*SET,pl,6e-3                         ! 压电陶瓷片长度 6 mm
*SET,a,7.2e-3                        ! 音叉结构的其他相关尺寸
*SET,b,10e-3
*SET,d1,1.3e-3
*SET,d2,1.3e-3
*SET,d30,3.6e-3
*SET,d3,d30+2*w1+2*d1
*SET,l1,13e-3
*SET,l2,14.5e-3
*SET,l3,2e-3
*SET,l4,5e-3
*SET,l22,2.1e-3
*SET,l32,20.1e-3
*SET,T,10e-3
*SET,t1,w1
*SET,t2,w2-pt
*SET,t3,w3
*SET,t4,6e-3
*SET,d4v,4*w1+2*w2+w3+4*d1
*SET,d4,d4v+2*d2+d3/2-w4/2+10e-3
*SET,e,3e-3
*SET,H,7e-3
```

```
! 代码块 3:通过各个参数的相对位置获取音叉关键点的各个坐标,各个坐标的参数运算获取如下
* SET,x1,0
* SET,x2,w1 + d1 + d2 + w2
* SET,x3,x2
* SET,x4,x3 + w1 + w2 + w3 + d1 + d2 + (d3 - w4)/2
* SET,x5,x4
* SET,x6,x5 - d4 + 14e - 3
* SET,x7,x6
* SET,x8,x7 - 14e - 3
* SET,x9,x8
* SET,x10,x9 + 14e - 3
* SET,x11,x10
* SET,x12,x11 + 2 * d4 + w4 - 28e - 3
* SET,x13,x12
* SET,x14,x13 + 14e - 3
* SET,x15,x14
* SET,x16,x15 - 14e - 3
* SET,x17,x16
* SET,x18,x5 + w4
* SET,x19,x18
* SET,x20,x19 + w1 + w2 + w3 + d1 + d2 + (d3 - w4)/2
* SET,x21,x20
* SET,x22,x21 + w1 + w2 + d1 + d2
* SET,x801,x22
* SET,x802,x801 + d1
* SET,x803,x802
* SET,x804,x803 + w1
* SET,x805,x804
* SET,x806,x805 - d1 - w1
* SET,x807,x806
* SET,x808,x807 - w2
* SET,x809,x808
* SET,x810,x809 - w1 - d1
* SET,x811,x810
* SET,x812,x811 + w1
* SET,x813,x812
* SET,x814,x813 + d1
* SET,x33,x814
* SET,x34,x33 - d1 - d2 - w1
* SET,x35,x34
* SET,x36,x35 - w3
* SET,x37,x36
```

```
* SET,x38,x37 - d1 - d2 - w1
* SET,x39,x38
* SET,x40,x39 + d1
* SET,x41,x40
* SET,x42,x41 + w1
* SET,x43,x42
* SET,x44,x43 - w1 - d1
* SET,x45,x44
* SET,x46,x45 - w2
* SET,x47,x46
* SET,x48,x47 - w1 - d1
* SET,x49,x48
* SET,x50,x49 + w1
* SET,x51,x50
* SET,x52,x51 + d1
* SET,x53,x52
* SET,x54,x53 + w1 + w2 + d1 + d2
* SET,x55,x54
* SET,x56,x55 - 2 * w1 - 2 * w2 - 2 * d1 - 2 * d2 - d3
* SET,x57,x56
* SET,x58,x57 + w1 + w2 + d1 + d2
* SET,x59,x58
* SET,x60,x59 + d1
* SET,x61,x60
* SET,x62,x61 + w1
* SET,x63,x62
* SET,x64,x63 - w1 - d1
* SET,x65,x64
* SET,x66,x65 - w2
* SET,x67,x66
* SET,x68,x67 - w1 - d1
* SET,x69,x68
* SET,x70,x69 + w1
* SET,x71,x70
* SET,x72,x71 + d1
* SET,x73,x72
* SET,x74,x73 - w1 - d1 - d2
* SET,x75,x74
* SET,x76,x75 - w3
* SET,x77,x76
* SET,x78,x77 - w1 - d1 - d2
* SET,x821,x78
```

```
* SET,x822,x821 + d1
* SET,x823,x822
* SET,x824,x823 + w1
* SET,x825,x824
* SET,x826,x825 - w1 - d1
* SET,x827,x826
* SET,x828,x827 - w2
* SET,x829,x828
* SET,x830,x829 - w1 - d1
* SET,x831,x830
* SET,x832,x831 + w1
* SET,x833,x832
* SET,x834,x833 + d1          ! 获取音叉 x 轴坐标
* SET,y1,0
* SET,y2,y1
* SET,y3,y2 - l3 - t3
* SET,y4,y3
* SET,y5,y4 - l4 - 1.2e - 3
* SET,y6,y5
* SET,y7,y6 + 1.2e - 3
* SET,y8,y7
* SET,y9,y8 - t4
* SET,y10,y9
* SET,y11,y10 + 1.2e - 3
* SET,y12,y11
* SET,y13,y10
* SET,y14,y13
* SET,y15,y8
* SET,y16,y15
* SET,y17,y16 - 1.2e - 3
* SET,y18,y17
* SET,y19,y4
* SET,y20,y19
* SET,y21,y2
* SET,y22,y21
* SET,y801,w2 + l2
* SET,y802,y801
* SET,y803,y802 - l1
* SET,y804,y803
* SET,y805,y802 + t1
* SET,y806,y805
* SET,y807,y806 + l22
```

```
* SET,y808,y807
* SET,y809,y808 - l22
* SET,y810,y809
* SET,y811,y803
* SET,y812,y811
* SET,y813,y802
* SET,y814,y813
* SET,y33,t2
* SET,y34,y33
* SET,y35,y34 + l32
* SET,y36,y35
* SET,y37,y34
* SET,y38,y37
* SET,y39,y38 + l2
* SET,y40,y39
* SET,y41,y39 - l1
* SET,y42,y41
* SET,y43,y42 + l1 + t1
* SET,y44,y43
* SET,y45,y44 + l22
* SET,y46,y45
* SET,y47,y44
* SET,y48,y47
* SET,y49,y41
* SET,y50,y49
* SET,y51,y40
* SET,y52,y51
* SET,y53,y22
* SET,y54,y53
* SET,y55, - l3
* SET,y56,y55
* SET,y57,0
* SET,y58,0
* SET,y59,y52
* SET,y60,y59
* SET,y61,y50
* SET,y62,y61
* SET,y63,y62 + l1 + t1
* SET,y64,y63
* SET,y65,y64 + l22
* SET,y66,y65
* SET,y67,y64
```

```
* SET,y68,y67
* SET,y69,y61
* SET,y70,y69
* SET,y71,y70 + l1
* SET,y72,y71
* SET,y73,y38
* SET,y74,y73
* SET,y75,y36
* SET,y76,y75
* SET,y77,y74
* SET,y78,y77
* SET,y821,y814
* SET,y822,y821
* SET,y823,y804
* SET,y824,y823
* SET,y825,y810
* SET,y826,y825
* SET,y827,y808
* SET,y828,y827
* SET,y829,y809
* SET,y830,y829
* SET,y831,y812
* SET,y832,y831
* SET,y833,y814
* SET,y834,y833          ! 获取音叉 y 轴坐标
! 压电陶瓷的坐标
* SET,x601,x1
* SET,x602,x2
* SET,x603,x3
* SET,x604,x4
* SET,x619,x19
* SET,x620,x20
* SET,x621,x21
* SET,x622,x22
* SET,x653,x53
* SET,x654,x54
* SET,x657,x57
* SET,x658,x58
* SET,x6805,x805
* SET,x6806,x805 - pt
* SET,x6807,x6806
* SET,x6810,x810
```

```
* SET,x6811,x6810 + pt
* SET,x6812,x6811
* SET,x643,x43
* SET,x644,x643 − pt
* SET,x645,x644
* SET,x648,x48
* SET,x649,x648 + pt
* SET,x650,x649
* SET,x663,x63
* SET,x664,x663 − pt
* SET,x665,x664
* SET,x668,x68
* SET,x669,x668 + pt
* SET,x670,x669
* SET,x6825,x825
* SET,x6826,x6825 − pt
* SET,x6827,x6826
* SET,x6830,x830
* SET,x6831,x6830 + pt
* SET,x6832,x6831
* SET,y601,y1 − pt
* SET,y602,y2 − pt
* SET,y603,y3 − pt
* SET,y604,y4 − pt
* SET,y619,y19 − pt
* SET,y620,y20 − pt
* SET,y621,y21 − pt
* SET,y622,y22 − pt
* SET,y653,y53 − pt
* SET,y654,y54 − pt
* SET,y657,y57 − pt
* SET,y658,y58 − pt
* SET,y6805,y805 − pl
* SET,y6806,y6805
* SET,y6807,y805
* SET,y6810,y810 − pl
* SET,y6811,y6810
* SET,y6812,y810
* SET,y643,y43 − pl
* SET,y644,y643
* SET,y645,y43
* SET,y648,y48 − pl
```

```
* SET,y649,y648
* SET,y650,y48
* SET,y663,y63 - pl
* SET,y664,y663
* SET,y665,y63
* SET,y668,y68 - pl
* SET,y669,y668
* SET,y670,y68
* SET,y6825,y825 - pl
* SET,y6826,y6825
* SET,y6827,y825
* SET,y6830,y830 - pl
* SET,y6831,y6830
* SET,y6832,y830
! 代码块 4:根据代码块 3 的坐标画出音叉各个点
K,1,x1,y1,0,
K,2,x2,y2,0,
K,3,x3,y3,0,
K,4,x4,y4,0,
K,5,x5,y5,0,
K,6,x6,y6,0,
K,7,x7,y7,0,
K,8,x8,y8,0,
K,9,x9,y9,0,
K,10,x10,y10,0,
K,11,x11,y11,0,
K,12,x12,y12,0,
K,13,x13,y13,0,
K,14,x14,y14,0,
K,15,x15,y15,0,
K,16,x16,y16,0,
K,17,x17,y17,0,
K,18,x18,y18,0,
K,19,x19,y19,0,
K,20,x20,y20,0,
K,21,x21,y21,0,
K,22,x22,y22,0,
K,801,x801,y801,0,
K,802,x802,y802,0,
K,803,x803,y803,0,
K,804,x804,y804,0,
K,805,x805,y805,0,
```

```
K,806,x806,y806,0,
K,807,x807,y807,0,
K,808,x808,y808,0,
K,809,x809,y809,0,
K,810,x810,y810,0,
K,811,x811,y811,0,
K,812,x812,y812,0,
K,813,x813,y813,0,
K,814,x814,y814,0,
K,33,x33,y33,0,
K,34,x34,y34,0,
K,35,x35,y35,0,
K,36,x36,y36,0,
K,37,x37,y37,0,
K,38,x38,y38,0,
K,39,x39,y39,0,
K,40,x40,y40,0,
K,41,x41,y41,0,
K,42,x42,y42,0,
K,43,x43,y43,0,
K,44,x44,y44,0,
K,45,x45,y45,0,
K,46,x46,y46,0,
K,47,x47,y47,0,
K,48,x48,y48,0,
K,49,x49,y49,0,
K,50,x50,y50,0,
K,51,x51,y51,0,
K,52,x52,y52,0,
K,53,x53,y53,0,
K,54,x54,y54,0,
K,55,x55,y55,0,
K,56,x56,y56,0,
K,57,x57,y57,0,
K,58,x58,y58,0,
K,59,x59,y59,0,
K,60,x60,y60,0,
K,61,x61,y61,0,
K,62,x62,y62,0,
K,63,x63,y63,0,
K,64,x64,y64,0,
K,65,x65,y65,0,
```

```
K,66,x66,y66,0,
K,67,x67,y67,0,
K,68,x68,y68,0,
K,69,x69,y69,0,
K,70,x70,y70,0,
K,71,x71,y71,0,
K,72,x72,y72,0,
K,73,x73,y73,0,
K,74,x74,y74,0,
K,75,x75,y75,0,
K,76,x76,y76,0,
K,77,x77,y77,0,
K,78,x78,y78,0,
K,821,x821,y821,0,
K,822,x822,y822,0,
K,823,x823,y823,0,
K,824,x824,y824,0,
K,825,x825,y825,0,
K,826,x826,y826,0,
K,827,x827,y827,0,
K,828,x828,y828,0,
K,829,x829,y829,0,
K,830,x830,y830,0,
K,831,x831,y831,0,
K,832,x832,y832,0,
K,833,x833,y833,0,
K,834,x834,y834,0,
!画出压电陶瓷关键点
K,601,x601,y601,0,
K,602,x602,y602,0,
K,603,x603,y603,0,
K,604,x604,y604,0,
K,619,x619,y619,0,
K,620,x620,y620,0,
K,621,x621,y621,0,
K,622,x622,y622,0,
K,653,x653,y653,0,
K,654,x654,y654,0,
K,657,x657,y657,0,
K,658,x658,y658,0,
K,6805,x6805,y6805,0,
K,6806,x6806,y6806,0,
```

```
K,6807,x6807,y6807,0,
K,6810,x6810,y6810,0,
K,6811,x6811,y6811,0,
K,6812,x6812,y6812,0,
K,643,x643,y643,0,
K,644,x644,y644,0,
K,645,x645,y645,0,
K,648,x648,y648,0,
K,649,x649,y649,0,
K,650,x650,y650,0,
K,663,x663,y663,0,
K,664,x664,y664,0,
K,665,x665,y665,0,
K,668,x668,y668,0,
K,669,x669,y669,0,
K,670,x670,y670,0,
K,6825,x6825,y6825,0,
K,6826,x6826,y6826,0,
K,6827,x6827,y6827,0,
K,6830,x6830,y6830,0,
K,6831,x6831,y6831,0,
K,6832,x6832,y6832,0,
K,901,0,0,T,
```

！音叉关键点示意图如图 5-10 所示

图 5-10 音叉关键点示意图

！代码块 5：连线

```
LSTR,1,2
LSTR,2,3
```

```
LSTR,3,4
LSTR,4,5
LSTR,5,6
LSTR,6,7
LSTR,7,8
LSTR,8,9
LSTR,9,10
LSTR,10,11
LSTR,11,12
LSTR,12,13
LSTR,13,14
LSTR,14,15
LSTR,15,16
LSTR,16,17
LSTR,17,18
LSTR,18,19
LSTR,19,20
LSTR,20,21
LSTR,21,22
LSTR,22,801
LSTR,801,802
LSTR,802,803
LSTR,803,804
LSTR,804,6805
LSTR,6805,6806
LSTR,6806,6807
LSTR,6807,806
LSTR,806,807
LSTR,807,808
LSTR,808,809
LSTR,809,6812
LSTR,6812,6811
LSTR,6811,6810
LSTR,6810,811
LSTR,811,812
LSTR,812,813
LSTR,813,814
LSTR,814,33
LSTR,33,34
LSTR,34,35
LSTR,35,36
LSTR,36,37
```

```
LSTR,37,38
LSTR,38,39
LSTR,39,40
LSTR,40,41
LSTR,41,42
LSTR,42,643
LSTR,643,644
LSTR,644,645
LSTR,645,44
LSTR,44,45
LSTR,45,46
LSTR,46,47
LSTR,47,650
LSTR,650,649
LSTR,649,648
LSTR,648,49
LSTR,49,50
LSTR,50,51
LSTR,51,52
LSTR,52,53
LSTR,53,54
LSTR,54,55
LSTR,55,56
LSTR,56,57
LSTR,57,58
LSTR,58,59
LSTR,59,60
LSTR,60,61
LSTR,61,62
LSTR,62,663
LSTR,663,664
LSTR,664,665
LSTR,665,64
LSTR,64,65
LSTR,65,66
LSTR,66,67
LSTR,67,670
LSTR,670,669
LSTR,669,668
LSTR,668,69
LSTR,69,70
LSTR,70,71
```

```
LSTR,71,72
LSTR,72,73
LSTR,73,74
LSTR,74,75
LSTR,75,76
LSTR,76,77
LSTR,77,78
LSTR,78,821
LSTR,821,822
LSTR,822,823
LSTR,823,824
LSTR,824,6825
LSTR,6825,6826
LSTR,6826,6827
LSTR,6827,826
LSTR,826,827
LSTR,827,828
LSTR,828,829
LSTR,829,6832
LSTR,6832,6831
LSTR,6831,6830
LSTR,6830,831
LSTR,831,832
LSTR,832,833
LSTR,833,834
LSTR,834,1
```
！连线图如图 5 - 11 所示

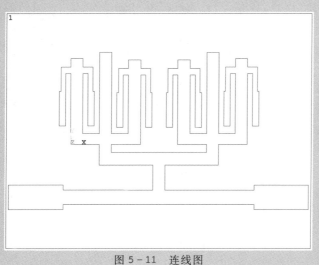

图 5 - 11　连线图

！代码块6：形成无陶瓷结构的音叉面结构（见图5-12）

AL,ALL

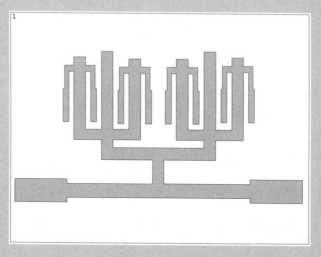

图5-12 音叉面

！代码块7：将压电陶瓷的关键点连接成线

```
LSTR,1,601
LSTR,601,602
LSTR,602,2
LSTR,3,603
LSTR,603,604
LSTR,604,4
LSTR,19,619
LSTR,619,620
LSTR,620,20
LSTR,21,621
LSTR,621,622
LSTR,622,22
LSTR,53,653
LSTR,653,654
LSTR,654,54
LSTR,57,657
LSTR,657,658
LSTR,658,58
LSTR,6805,805
LSTR,805,6807
LSTR,6812,810
LSTR,810,6810
LSTR,643,43
LSTR,43,645
```

```
LSTR,650,48
LSTR,48,648
LSTR,663,63
LSTR,63,665
LSTR,670,68
LSTR,68,668
LSTR,6825,825
LSTR,825,6827
LSTR,6832,830
LSTR,830,6830
AL,1,113,114,115
AL,3,116,117,118
AL,19,119,120,121
AL,21,122,123,124
AL,65,125,126,127
AL,69,128,129,130
AL,28,27,131,132
AL,35,34,133,134
AL,52,51,135,136
AL,59,58,137,138
AL,76,75,139,140
AL,83,82,141,142
AL,100,99,143,144
AL,107,106,145,146
LSTR,1,901
```

！获得音叉包含压电陶瓷部分（见图 5-13）

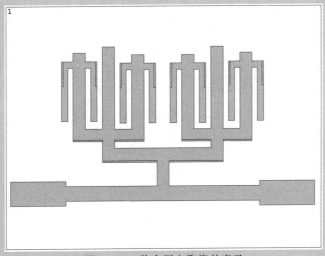

图 5-13　装有压电陶瓷的音叉

！代码块 8:将面拉伸成体并且黏合

```
VDRAG,1,2,3,4,5,6,147          ！拉伸音叉
VDRAG,7,8,9,10,11,12,147
VDRAG,13,14,15,,,,147          ！拉伸压电陶瓷
VGLUE,ALL                       ！将音叉和压电陶瓷黏合成一体
```

！结果如图 5 - 14 所示

图 5 - 14 音叉体

！代码块 9:划分网格

```
MSHAPE,1,3D          ！设定网格空间的维数
MSHKEY,0             ！自由网格划分方式划分网格
SMRTSIZE,3           ！设置网格划分的整体元素级别
TYPE,1               ！指定单元类型
MAT,1                ！指定材料编号
VMESH,2,6            ！在体上生成节点和单元
MSHAPE,1,3D
MSHKEY,0
SMRTSIZE,1
TYPE,1
MAT,1
VMESH,16,24
MSHAPE,1,3D
MSHKEY,0
SMRTSIZE,1
TYPE,2
MAT,2
VMESH,25
```

！划分后图像如图 5-15 所示

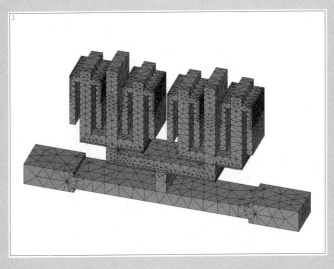

图 5-15　网格划分

！代码块 10：施加电压和底部约束固定

```
ASEL,S,,,142                              ！选择面
ASEL,a,,,138
ASEL,a,,,134
ASEL,a,,,130
ASEL,a,,,146
ASEL,a,,,151
ASEL,a,,,219
ASEL,a,,,215
ASEL,a,,,213
ASEL,a,,,209
ASEL,a,,,207
ASEL,a,,,203
ASEL,a,,,201
ASEL,a,,,197
NSLA,S,1
cp,1,volt,all                            ！耦合所选择的所有节点电压(volt)，并第一为 1
*get,nui,node,0,num,min                  ！选择所选择点中编号最小点，命名为 nui
ASEL,S,,,34                              ！选择面
ASEL,a,,,36
ASEL,a,,,80
ASEL,a,,,84
ASEL,a,,,18
ASEL,a,,,16
ASEL,a,,,121
```

```
ASEL,a,,,115
ASEL,a,,,97
ASEL,a,,,91
ASEL,a,,,73
ASEL,a,,,67
ASEL,a,,,49
ASEL,a,,,43
NSLA,S,1
cp,2,volt,all                    ! 耦合所选择的节点电压(volt),命名为 2
 * get,ndi,node,0,num,min        ! 选择所选择点中编号最小点,命名为 ndi
nsel,all
d,nui,volt,1                     ! 给 nui 施加 1 V 电压
d,ndi,volt,0                     ! 给 ndi 施加 0 V 电压
NSEL,S,LOC,Y,y9                  ! 选择点
d,ALL,UX,0
d,ALL,UY,0
d,ALL,UZ,0                       ! 对底部施加约束(见图 5-16)
NSEL,ALL
```

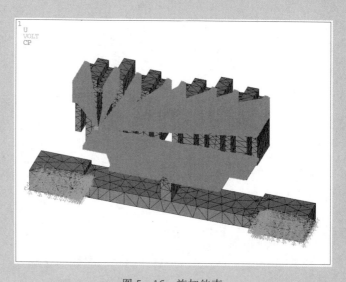

图 5-16 施加约束

```
! 代码块 11:设置求解参数
/SOLU
ANTYPE,2                         ! 设置分析类型为模态仿真
MODOPT,LANB,20,500,10000         ! 选择起始和结束频率范围
MXPAND,20                        ! 设置扩展的模态数
EQSLV,SPARSE                     ! 指定求解器
SOLVE                            ! 进行求解
FINISH                           ! 推出 SOLUTION
```

！代码块 12：读取模态仿真结果

```
/POST1                    ！进入后处理
SET,,,,,,3                ！读取第3阶频率
/EFACET,1
PLNSOL,U,SUM,0,1.0        ！显示节点计算结果
```

！第 3 阶模态图（见图 5-17）：一级音叉反向共振

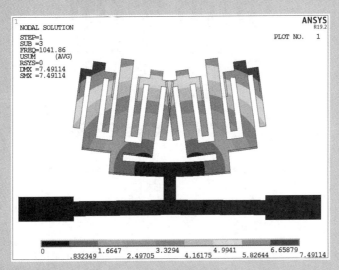

图 5-17　第 3 阶模态图

```
SET,,,,,,8                ！读取第8阶频率
/EFACET,1
PLNSOL,U,SUM,0,1.0
```

！第 8 阶模态图（见图 5-18）：二级音叉反向共振

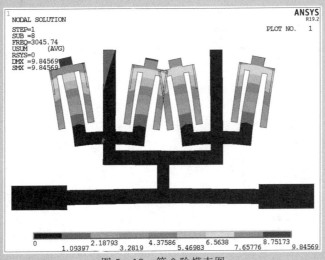

图 5-18　第 8 阶模态图

```
SET,,,,,,19                              ！读取第19阶频率
/EFACET,1
```

```
PLNSOL,U,SUM,0,1.0
```
! 第 19 阶模态图(见图 5 - 19):三级音叉反向共振

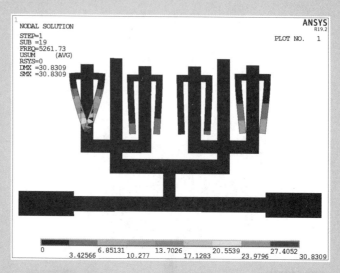

图 5 - 19 第 19 阶模态图

! 代码块 13:优化处理

`SET,,,,,,3`	! 读取第 3 阶频率
`* GET,FREQ3,ACTIVE,,SET,FREQ`	! 将第 3 个频率赋值给 FREQ3
`SET,,,,,,8`	! 读取第 8 阶频率
`* GET,FREQ8,ACTIVE,,SET,FREQ`	! 将第 8 个频率赋值给 FREQ8
`SET,,,,,,19`	! 读取第 19 阶频率
`* GET,FREQ19,ACTIVE,,SET,FREQ`	! 将第 19 个频率赋给 FREQ19
`F1 = abs(FREQ8 - 3 * FREQ3)`	! 求 FREQ8 - 3 * FREQ3 绝对值,赋值给 F1
`F2 = abs(FREQ19 - 5 * FREQ3)`	! 为了产生 1:3:5 的频率
`Y = abs(FREQ8 - 3 * FREQ3) + abs(FREQ19 - 5 * FREQ3)`	! F1 + F2 绝对值
`LGWRITE,Test,lgw,E:\software\Ansys\,COMMENT`	! 存储目录
`FINISH`	

! 为使 ansys 自动调节各参数,使频率匹配为所需,即 Y 趋于 0,进入优化设计模块

`/OPT`	! 进入优化设计处理器
`OPANL,Test,lgw,E:\software\Ansys\,`	! 为优化循环指定文件
`OPVAR, w1, DV, 1e-3, 2.3e-3`	
`OPVAR, w2, DV, 2.5e-3, 3.3e-3`	
`OPVAR, w3, DV, 2.5e-3, 3.3e-3`	
`OPVAR, l2, DV, 14e-3, 15.3e-3`	
`OPVAR, l3, DV, 1.4e-3, 2.6e-3`	
`OPVAR, l32, DV, 18e-3, 21e-3`	
`OPVAR, d1, DV, 1e-3, 1.6e-3`	
`OPVAR, d2, DV, 1e-3, 1.6e-3`	! 定义设计变量和范围
`OPVAR,F1,SV,0,10`	
```
```

```
OPVAR,F2,SV,0,10              ! 定义状态变量
OPVAR,Y,OBJ,,,1E-4            ! 定义目标函数
OPTYPE,SUBP                   ! 使用子问题逼近法优化方法
OPSUBP,550,500               ! 为子问题逼近法指定迭代次数
OPKEEP,ON                    ! 保存优化结果
SAVE                         ! 保存数据信息
OPEXE                        ! 开始优化计算
OPLIST,ALL,,,1               ! 列出所有优化数据
```

! 满足条件的优化参数如图 5 - 20 所示

		SET 39 (FEASIBLE)	SET 55 (FEASIBLE)	*SET 57* (FEASIBLE)	SET 59 (FEASIBLE)	SET 68 (FEASIBLE)
F1	(SV)	4.4035	1.0447	3.6614	4.8167	3.6919
F2	(SV)	3.0446	9.9097	2.0901	4.4889	6.9406
W1	(DV)	0.15786E-02	0.15784E-02	0.15788E-02	0.15782E-02	0.15794E-02
W2	(DV)	0.31128E-02	0.31132E-02	0.31133E-02	0.31134E-02	0.31135E-02
W3	(DV)	0.30563E-02	0.30562E-02	0.30562E-02	0.30561E-02	0.30562E-02
L2	(DV)	0.14324E-01	0.14323E-01	0.14323E-01	0.14322E-01	0.14326E-01
L3	(DV)	0.19725E-02	0.19931E-02	0.19727E-02	0.19734E-02	0.19781E-02
L32	(DV)	0.20141E-01	0.20134E-01	0.20141E-01	0.20141E-01	0.20134E-01
D1	(DV)	0.12921E-02	0.12928E-02	0.12922E-02	0.12926E-02	0.12921E-02
D2	(DV)	0.13215E-02	0.13208E-02	0.13208E-02	0.13208E-02	0.13215E-02
Y	(OBJ)	7.4481	10.954	5.7515	9.3056	10.633

图 5 - 20　满足条件的优化参数

参 考 文 献

［1］龙马高新教育.UG NX 10 中文版完全自学手册［M］.北京:人民邮电出版社,2017.

［2］龙马高新教育.新编 UG NX 10 从入门到精通［M］.北京:人民邮电出版社,2016.

［3］麓山文化.中文版 UG NX 12.0 机械设计从入门到精通［M］.5 版.北京:机械工业出版社,2018.

［4］PAN Q S,ZHANG Q,WANG H B,et al. Piezoelectric linear motor using resonant – type clamping based on harmonic vibration synthesis［J］. Mechatronics,2014, 24(8):1112 – 1119.

［5］丁毓峰.12.0 ANSYS 有限元分析完全手册［M］.北京:电子工业出版社,2010.

［6］龚曙光,谢桂兰,黄云清.ANSYS 参数化编程与命令手册［M］.北京:机械工业出版社,2009.

［7］王凯伦.利用偏心转子的高速压电马达建模、仿真与实验研究［D］.合肥:合肥工业大学,2020.

［8］潘巧生.基于偏心轮受迫振动的压电马达研究［D］.合肥:中国科学技术大学,2016.